序

在眾多被人飼養的犬種中，吉娃娃堪稱是世界上最小的玩賞犬。牠的起源十分古老，在悠久的歷史中一直保有明確固定的血統，是相當知性、敏捷又聰慧的最嬌小犬種，不論在體型、架構或比例上，均有其他犬種欠缺的獨特魅力。

吉娃娃依體毛長短，可分成如短天鵝絨、觸感絕佳、深具光澤的短毛種，以及擁有優雅裝飾毛的長毛種。不論哪一種吉娃娃，都是氣質優雅，個性活潑、靈巧的優良犬種。擅於察言觀色的吉娃娃，若成為家裡的一員，更是最忠實的玩伴犬呢！

希望藉由本書有助於吉娃娃和飼主們快樂地生活在一起。

村岸淳也

愛犬精選

吉娃娃
教養小百科

和小巧可愛的吉娃娃
一起快樂地生活

監修●村岸淳也　攝影●中島真理
審訂●朱建光　翻譯●高淑珍

CONTENTS
吉娃娃教養小百科

序 …… 2
又大又亮的雙眸配上超凸的額頭真是CUTE
歡迎進入吉娃娃的世界！…… 6

第1章
超可愛的吉娃娃之魅力
世界上最小的犬種 …… 14
被視為最佳伴侶犬的超人氣狗狗 …… 18
方便隨身攜帶的吉娃娃是最佳的伴侶 …… 20
照顧或散步都很簡單適合老年人的狗狗 …… 22
個性多樣化的吉娃娃適合多養幾隻 …… 24
要格外注意過胖或跌跤等意外事故 …… 26
不同生活型態之飼主的飼養方法 …… 28
column1 JKC的犬種標準 …… 32

第2章
選擇和自己最「麻吉」的玩伴犬
飼養吉娃娃之前再想一想 …… 34
去哪裡挑選可愛的吉娃娃？ …… 36
挑選一隻健康又容易親近的幼犬 …… 38
最後確認幼犬所需的用品 …… 40
column2 飼養吉娃娃的建議File1 …… 42

第3章
和可愛的幼犬一起快樂的生活
30～90日
在中午之前把幼犬帶回家 …… 44
準備狗窩、便器和幼犬的活動地點 …… 46
飲食的份量、時間和次數應和之前相同 …… 48
把東西收拾乾淨避免狗狗亂咬 …… 50

晶片登記和疫苗注射……52
90日～6個月大
室溫以24～25℃最理想……54
飲食份量以八分飽最健康……56
4個月大以後再帶牠出去散步……58
6個月～1歲6個月大
性徵成熟後進行絕育手術……60
狗糧和自己調配狗食的優缺點……62
從遊戲或運動中紓解壓力……64
7歲～8歲
老狗要吃容易消化的東西……66
超人氣的小可愛—吉娃娃！……68
column3 狗狗走丟了怎麼辦？……74

第4章 讓狗狗變聰明的教養方法

大大的讚美是教養的重點……76
過來和進去狗屋的教養方法……78
如廁的教養方法……80
吃飯的教養方法……82
散步的教養方法……84
讓狗狗習慣坐車的教養方法……86
第一次讓狗狗獨自看家……88
從狗狗小的時候就要改掉牠的壞習慣……90
我家的小寶貝最讚！超可愛的吉娃娃大集合……94
column4 飼養吉娃娃的建議File2……96

第5章 輕輕鬆鬆在家打理吉娃娃的方法

CONTENTS
吉娃娃教養小百科

換毛的時期要仔細刷毛……98
耳・眼・齒・爪的照顧……100
足・鬚・肛門的照顧……102
沐浴的方法……104
column5 飼養吉娃娃的建議File3……108

第6章 想要讓狗狗生小狗的話……

1歲大以後是合適的生育期……110
花點心思尋找狗狗的最佳伴侶……112
懷孕期間提供營養不發胖的食物……114
從陣痛到幼犬的誕生……116
幾乎整天都在睡覺的幼犬期……118
不要餵太多離乳食品……120
column6 飼養吉娃娃的建議File4……122

第7章 疾病與健康管理的知識

疾病或意外事故的緊急處理……124
選擇口碑佳有愛心的獸醫……126
吉娃娃常見的疾病……128
column7 飼養吉娃娃的建議File5……132

第8章 和狗狗一起過著快樂的生活

狗狗的犬展處女秀……134
帶可愛的吉娃娃去旅行囉！……136
有關吉娃娃的傳說—三種不可思議的起源……138
有關吉娃娃的Q&A……140

的世界！

以世界上最小犬種聞名的吉娃娃——嬌小的身軀潛藏擄獲人心的無比魅力。

充滿好奇心的幼犬，深具挑戰的精神。

你瞧……我們像不像威風凜凜的三劍客？

又大又亮的雙眸配上超凸的額頭真是 CUTE

歡迎進入吉娃娃

跑進大杯子的小傢伙能否安全逃脫呢？

這是現在最流行的吉娃娃舞嗎？

雖然體型嬌小，豐富的表情可是魅力十足喔！

「汪！汪！」我也來吊吊嗓子吧！

「咦……這是甚麼玩意兒？
看起來蠻有趣的……」

咦……這是甚麼怪味道？

還是大家一起玩
比較有趣！

哇……真難吃！我還是喜歡吃肉啦！

別擠啦……趕緊排好
隊喔！

「接下來要玩甚麼呢？
真傷腦筋……」

大家一起看前面喔！「喂……
別看旁邊啦！」

「你有甚麼煩惱啊？
說出來聽聽！」

"吉娃娃探索篇"

為了適應新的環境，我得靠自己探索新家喔！

1

2

這個家看起來很漂亮！我要站起來看個清楚……
不過站久了腳有點酸……

躲進去看看……這個
家似乎有點小……

最近是不是變胖了
……怎麼屁股有點
卡住了?!

費了好一番功夫還
是出不來……難道
我要變成蝸牛？不
死心……終於出來
囉！

東張西望好奇心旺盛的幼犬。

拍得好累喔……當模特兒真是不簡單！
該我出場時，再叫我呦！

幼犬一起玩耍才能學習狗狗社會的常規。

第一次面對鏡頭……總是充滿緊張與不安感！

第1章

超可愛的吉娃娃之魅力

第 1 章

世界上最小的犬種

素以最小犬種聞名的吉娃娃，是充滿可愛魅力的狗狗！

吉娃娃分成短毛與長毛 2 種

吉娃娃可以分成可愛俏麗的短毛種，以及貼心迷人的長毛種。

Cort

●白色

除了受歡迎的單色系，各種毛色或長相也是吉娃娃魅力的來源。

●圓圓頭、又黑又亮的眼睛、大大的耳朵、獨特又可愛的臉蛋，正是短毛吉娃娃的寫照。

短毛種

柔軟光滑且具光澤的短毛叢生於體表，頭部上方和耳朵的毛相當短，頸部有細毛；和長毛種一樣，毛色多樣化。

●奶油色
短毛種吉娃娃傳承了中美洲古代的風貌，散發異國風情與神秘的氣息。

短毛 Smoose

頭
頭型帶有漂亮的圓弧感，尤其突起的額頭宛如蘋果，可愛極了！

耳
類似可愛布偶般的大翹耳；長毛種還有裝飾毛，更顯貴氣。

眼
活潑生動的雪亮眼眸，為吉娃娃加分不少；雙眼間距比較開，可愛極了！

口
口部如楔型稍尖，下顎肉薄，鼻頭微翹，給人聰慧之感。

尾
又長又直的尾巴，和背部連成漂亮的弧度；長毛種擁有蓬鬆的尾毛。

四肢
前肢筆直，後肢肌肉結實，充滿敏捷、健康的氣息。

●紅色

有如此可愛的體型才像吉娃娃！

長毛種

柔軟、筆直又蓬鬆的毛叢生於體表；除了耳朵，連脖子、四肢後側和尾巴都有裝飾毛。毛色十分多樣化，有單色系、藍灰色和巧克力色等。

●藍灰色

圓圓的大眼睛配上一對立耳，加上柔軟長毛相當可愛。

Cort

●巧克力色

閃亮有光澤且質地柔軟的體毛，讓世界上最小的伴侶犬更形出色。

●奶油色

體型嬌小氣質優雅，深具人氣的長毛種吉娃娃。

●銀黑色

體型迷你地似乎可隨手放入口袋裡的長毛吉娃娃，是受歡迎的玩賞犬。

長毛 Long

●白＆檸檬色

毛色多變的長毛種，具有一股獨特的魅力。

第1章

被視為最佳伴侶犬的超人氣狗狗

嬌小的體型配上表情豐富的五官，都是吉娃娃的獨特魅力；近年來的人氣扶搖直上呢！

別名「口袋犬」體型相當嬌小的吉娃娃。

長期受人寵愛正是吉娃娃深具魅力的證明

理想體重一公斤多，可用雙手捧著的嬌小身軀——吉娃娃，被視爲世界最小，也是舉世聞名深受歡迎的犬種。

吉娃娃的體型迷你地似乎可隨手放入口袋裡，故也被稱爲「口袋犬」，是一種聰明慧詰，又超愛撒嬌的魅力犬。

大約早在一百年前，美國育犬協會（AKC）就將這種可愛的吉娃娃登錄入籍。隨後牠以迷你、可愛的容貌，吸引全世界人的目光，人氣也直線竄升。在其繁殖重鎮——美國，更具有絕佳的人氣，獲得廣大「狗迷」的支持。

吉娃娃大概是在石油危機之後的一九七○年代初期，開始成爲日本的人氣犬種。因體型嬌小，加上個性活潑很有元氣，一直深受當地人們的喜愛。

經過多年的實力累積，吉娃娃在日本的登錄隻數日益攀升，近年來更成爲超人氣犬種，常居前十名的排名內。就玩伴犬來說，牠更擁有數一數二的地位呢！

過去 10 年登錄隻數排名變動圖（以日本為例）

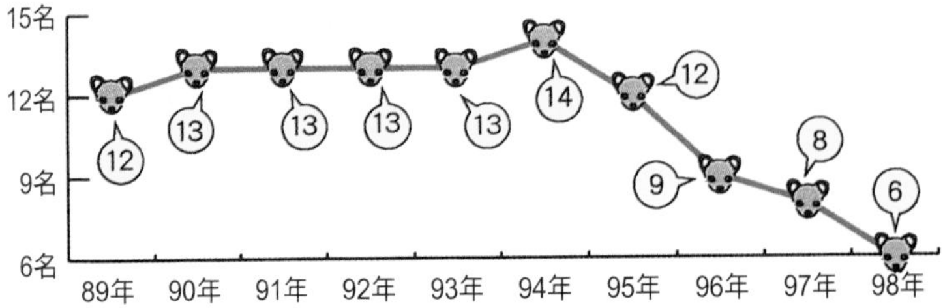

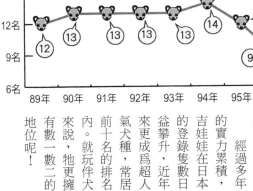

最近人氣扶搖直上的長毛種吉娃娃。

最近的人氣指數更是節節高升

近年來，小型的長毛狗在日本擁有絕佳的人氣，形成一股流行的風潮。而這個招攬人氣的大功臣，正是以一身柔軟長毛自豪的長毛種吉娃娃。

但在另一方面，身型纖細可愛的短毛種吉娃娃，也有不遜於長毛種的魅力。這樣充滿異國風味的狗狗，風靡了無數的愛狗人喔！

體型雖小卻充滿好奇心的吉娃娃，活潑有勁，可作為最佳玩伴犬。

個性溫和、容易飼養都是吉娃娃受歡迎的秘密

體型相當嬌小是吉娃娃最大的特徵。

話雖如此，但牠絕非是弱不禁風的狗狗；近年來，或許是反映了時代的潮流，牠以活潑健康又容易飼養的特色深受矚目。

像吉娃娃這種容易飼養，又能配合飼主生活型態的犬種，實在不多見。因體型嬌小，不需太多養育費用的經濟層面來看，也是人氣紅不讓的原因。所以，不管是石油危機之後，或經濟大恐慌的時代，吉娃娃在寵物界仍然保有一定的熱絡度。

而且，牠的人氣並不會隨著流行風潮而落幕，正足以證明牠的獨特魅力。

就以身爲人類生命中美好的伴侶犬來說，吉娃娃受到的評價也越來越高。

第1章

方便隨身攜帶的吉娃娃是最佳的伴侶

除了喜愛撒嬌，自主性強烈的吉娃娃生性活潑、可以信賴，是生活中的最佳搭檔。

個性活潑開朗是人們喜愛的原因

吉娃娃外型嬌小可愛，讓人忍不住想要保護牠；但是別忘了，在看似嬌柔的外表下，吉娃娃是一種元氣十足，自主性強烈的狗狗。

隨時隨地精力充沛的吉娃娃，心思細膩，動作敏捷又迅速。個性開朗，充滿好奇心，凡事都想嘗試看看。再加上牠的自主性強烈，有著凡事都不服輸的執著性格，即使面對體型慓悍的大狗，仍然顯現一步也不認輸的大膽氣勢。

但在另一方面，個性十分謹慎帶點神經質的吉娃娃，也不是任何人都可以和牠親近的狗狗；唯有心靈相契知心的飼主或家人，牠才會全心全意付出牠的愛。

靈活機警的吉娃娃，能充分理解飼主或家人的語言或動作，了解人們內心的情感。加上牠順從、記性又好，屬於容易教養的狗狗。

吉娃娃對冷熱都十分敏感

嬌小的吉娃娃對天候的冷熱都很敏感；夏天要注意空調的溫度，不要太冷或打開窗戶，讓室內保持通風。吉娃娃尤其怕冷，冬天的夜裡記得開暖氣，或鋪毛毯為牠禦寒。

當作看門狗也很稱職的吉娃娃

幼犬期的吉娃娃，是活潑到不知疲累爲何物的狗狗；但或許是養在室內之故，等牠變爲成犬，似乎不怎麼愛玩或嬉戲。

不過，這種情形也不是絕對的；而且成犬的獨立性很強，還是會乖乖地自己玩耍。

雖說每隻狗狗都有不同的性情，

嬌小的體型卻擁有不服輸又大膽的個性，也是吉娃娃的魅力之一。

體型迷你可隨身攜帶的吉娃娃，適合喜歡和愛犬黏在一起的人。

但個性獨立的吉娃娃即使獨自在家，也不會覺得很有壓力。所以，只要牠學會了基本的教養習慣，還是可以讓牠負責看家。

警戒心強又勇敢的吉娃娃，可說是一隻稱職又可以信賴的看門狗。

在此附帶一提的是，和牠的嬌小體型比起來，吉娃娃的叫聲算是嘹亮，而且很少會亂吠。不過，有些狗狗因爲警戒性過強，容易神經質地一直叫，或者咬傷幼兒，所以從幼犬期就要好好地加以教養。

隨時隨地均可相處的玩伴犬

飼主的關愛越是豐盈，吉娃娃越能投注相對的愛意。只要有可愛的吉娃娃相伴，人們每天都可以過著快樂的生活。

吉娃娃體型相當嬌小，飼主只要抱著牠，那裡都可以去；不管是購物、假日外出踏青、旅行，牠都是最佳的伴侶，屬於和飼主高度契合的狗狗。

就這樣，吉娃娃進入人類的世界，成爲人們生活中不可或缺的玩伴犬。

不過要注意，吉娃娃也有稍微任性愛嬌的一面，如果飼主或家人過度溺愛，反而會助長牠這個特性，變得自以爲是又難以管教，甚至還會咬人呢！

因此，飼主不要溺愛或一直抱著吉娃娃，適可而止的關愛，才是最好的教養之道。

從吉娃娃的幼犬期開始，就要教牠分辨是非，確實遵守家裡的規矩，並讓牠好好地學習服從與訓練。

隨時隨地均可在一起的吉娃娃，是最佳的玩伴犬。

第1章

照顧或散步都很簡單 適合老年人的狗狗

需要的運動量不多，又很好照顧的吉娃娃，被視為容易飼育的狗狗。

方便帶出去散步又容易照顧的吉娃娃，連女性或老人都能安心飼養。

體味少 被毛梳理簡單的吉娃娃

有些人雖然想要養狗，卻騰不出時間照顧狗狗。針對這些人，甚至是那些沒有養狗經驗的人，吉娃娃都是可以讓他們順利飼養、美夢成眞的狗狗。吉娃娃的體毛照顧只需要刷毛和沐浴即可，且體型很小，不會占用很多時間；甚至不必委由專門的美容師做特別的保養，實在是很方便。

如果是長毛種吉娃娃，飼主要每天幫牠把毛梳整齊。若天天都有散步的習慣，回來時記得刷刷毛清除身上的灰塵或污垢。如果是短毛種吉娃娃，因爲比較容易掉毛，一定要仔細刷毛去除舊毛，定期沐浴，保持皮膚的清潔。

和其他犬隻相比，吉娃娃算是體味少的狗狗。所以，只要平日確實保養體毛，除非是換毛期，否則並不需要經常洗澡。

除了體毛的照顧，牙齒也要特別注意；吉娃娃先天上牙齒的發育就比較差，飯後記得幫牠刷刷牙，並定期清除牙結石。

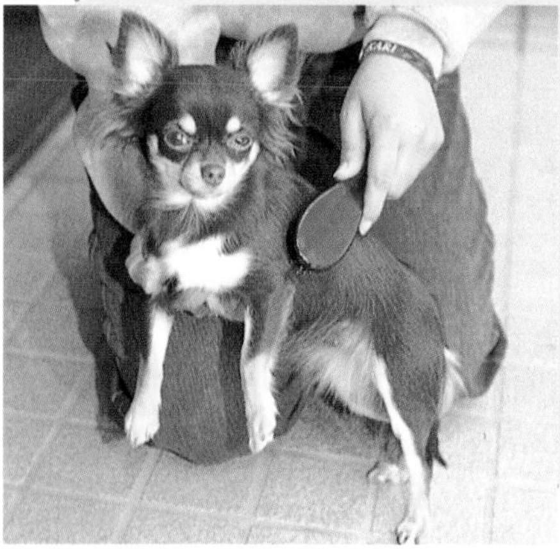

如何照顧吉娃娃？

平常要幫牠刷毛，檢查眼睛有無異物進入；並定期修剪過長的指甲，清除耳垢。長毛種要修剪腳底趾縫間或肛門四周的雜毛；每個月洗 1～2 次澡即可。

每天散步 可消除壓力 培養感情

基本上像吉娃娃這種體型超小的狗狗，只要讓牠在室內跑來跑去就可獲得足夠的運動量，不用強迫牠出去運動，照顧起來十分輕鬆。

如何帶吉娃娃散步？

如果一天散步一次，成犬的話走個1公里即可。儘量於固定時間，繫上牽繩，讓牠以一定速度走在飼主的左側。

購買愛犬時要考慮自己的年齡

像大型犬或中型犬需要相當的運動量，適合年輕人飼養。有小孩的家庭適合個性溫和又會保護小孩的大型犬。像吉娃娃之類體型嬌小又容易飼養的狗狗，適合各個年齡層；正因吉娃娃超可愛，連老年人也容易飼養呢！

但反過來說，不管是體型多小的狗狗，爲了身心的健康與平衡，單靠室內運動仍然不足。飼主用牽繩帶狗狗去室外運動，才能眞正促進牠的健康，消除牠的壓力，給牠充沛的精神與活力。爲了讓牠保持規律性，每天一次讓牠去室外跑跑跳跳吧！

像吉娃娃這麼迷你又容易照顧的狗狗，即使是女性或老年人也能安心地帶出去散步。而且散步的距離和時間都很短，不用怕打亂飼主的生活節奏。

帶狗狗散步，還能培養出人跟狗之間的親密情感。不過，帶牠出去散步，不是讓牠隨便跑來跑去，而要讓牠以一定的節奏跟在飼主的腳邊走路。

散步的時候應嚴格禁止狗狗亂吃其他東西，以免吃壞肚子或引發傳染病。

即使室內的活動量就夠了，但和其他犬隻一樣，帶出去戶外也是吉娃娃重要的活動之一。

第1章 個性多樣化的吉娃娃 適合多養幾隻

有同伴就覺得很快樂的吉娃娃，也適合好幾隻一起飼養呢！

利用吉娃娃的特性享受多養幾隻的樂趣

只要開始飼養吉娃娃，任誰都會爲牠那可愛的容顏深深著迷；所以，想要再養一隻或二隻，甚至讓家裡的母狗生小狗，都是很自然的想法。

吉娃娃體型雖小，身體卻很強健，體毛的照顧也很簡單，和大型犬相比之下，伙食費或醫療費用都節省多了。再者，眞正飼養後發現好處多多，可說是很適合多養幾隻的狗狗呢！

狗狗原本就是一種群體生活的動物，和形單影隻的狗狗比起來，同伴多的狗狗感覺上比較幸福。只要飼主能充分掌握每隻狗狗的習性，留意牠們的心理狀態，即可順利飼養好幾隻狗狗。

觀察舊有狗狗的個性再迎接新的狗狗

有一天，家裡突然來了隻新狗狗……這對有些已經先養在家裡的狗狗來說，可能不會造成問題，很快就可以和對方和平相處成爲好朋友；但有時也可能合不來，造成飼主或其他家人的困擾。

吉娃娃容易和飼主培養親密的情感，也很喜歡和主人撒嬌；但如果意識到飼主的關愛轉向其他的狗狗，可能會讓牠妒火中燒呢！

飼養好幾隻狗狗時要注意傳染病

為了預防可怕的重大傳染病，一定要定期幫狗狗注射疫苗。

尤其同時飼養好幾隻狗狗時，要格外留意日常的衛生管理，杜絕傳染病或皮膚病的發生。像排泄物的處理，狗屋或犬舍的清理等，都是清潔的重點。其他像食器或清潔器具要充分洗淨、日曬或消毒，並常保持狗狗的潔淨，如身體出現異狀即刻送醫。

飼主要多用心才能讓舊有狗狗順利接受新來的幼犬。

尤其是平日備受寵愛的吉娃娃，反應更是強烈。所以，飼主還是要好好觀察原有狗狗的個性，避免讓牠感受到壓力或震驚，再開始飼養其他的狗狗吧！

確定先後順序是多頭飼養的訣竅

狗狗習慣在群體中做順序排位，服從上位者或領導者。所以，當新的幼犬進來時，舊有狗狗會希望身爲領導者的飼主表現明確的態度。

例如，吃飯時讓舊有狗狗先吃，任何事都讓舊有狗狗先做——明確突顯出舊有狗狗的優勢地位。食器也要分開使用，讓每一隻狗狗都受到公平的關愛與對待。

如果因爲新來的幼犬很可愛，就一味嬌寵牠，會讓幼犬誤以爲自己才是老大，而出現不合群的行爲要特別注意。

若是同時間一起飼養二隻以上的狗狗，飼主仔細觀察，即可發現狗狗之間自己制定的上下階層關係。

同時養好幾隻狗的各種情況

同時飼養公狗和母狗時

如果家裡同時飼養公狗和母狗的話，可以讓牠們交配繁殖幼犬；但若沒此打算，到了母狗應該避孕的季節，要隔離公狗和母狗可不是一件簡單的事呢！

如果家裡已經有公狗，再飼養一隻公幼犬的話，這隻幼犬長大以後會變成牠的情敵，甚至和牠爭奪老大的寶座，出現激烈的爭執。為防止這些問題發生，在適當時機進行絕育手術，也是解決方法之一。

同時飼養親子犬時

如果家裡的母狗生了小狗，飼主或眾人的目光不免聚集於可愛的幼犬身上，就算身為幼犬的親娘，母狗還是會有忌妒之心。所以，飼主應凡事以位居上位的母狗為優先考量，才能讓母狗平靜地與幼犬們一起生活。

第1章

要格外注意過胖或跌跤等意外事故

嬌小的吉娃娃容易跌跤或骨折，體質也容易發福，要留意日常的生活作息。

即使只有幾個階梯還是吉娃娃的危險地帶

吉娃娃因為身軀嬌小，一不小心就會發生意外，唯有設身處地多為牠著想，才能避免意外的發生。

像有階梯的地方，很容易讓牠跌下來或摔下來。即便只是二十分分的高度，一旦失去平衡，也會使牠的雙腳受傷，嚴重時可能骨折。所以，嚴格禁止吉娃娃在床上、沙發上或階梯上跳來跳去。

除此之外，也不要讓吉娃娃攀爬主人的肩膀或在膝蓋上玩耍。為牠整理體毛、清除耳垢或修剪指甲時，一定要在地板或榻榻米等平坦的地方進行。

萬一狗狗摔跤或從高處掉落，發出哀嚎顯得痛苦不堪，應該盡快送醫診治，不要自行判斷以免延誤治療的黃金期。

不要讓狗狗吃過量——管理愛犬的健康是飼主的責任。

人們眼中不以為意的高度，對吉娃娃來說還是很危險，要多留意愛犬活動的地點。

日常的健康管理要落實才能預防肥胖

吉娃娃的食慾比一般的狗狗來得好，有容易發福的傾向。

飼主平常要仔細觀察狗狗用餐的狀況，給予適量的狗食以避免過量；也不要餵牠吃過多的點心，甜食的話應該禁止。

吉娃娃並不是一種需要大量運動的狗狗，但運動量不足，也容易導致

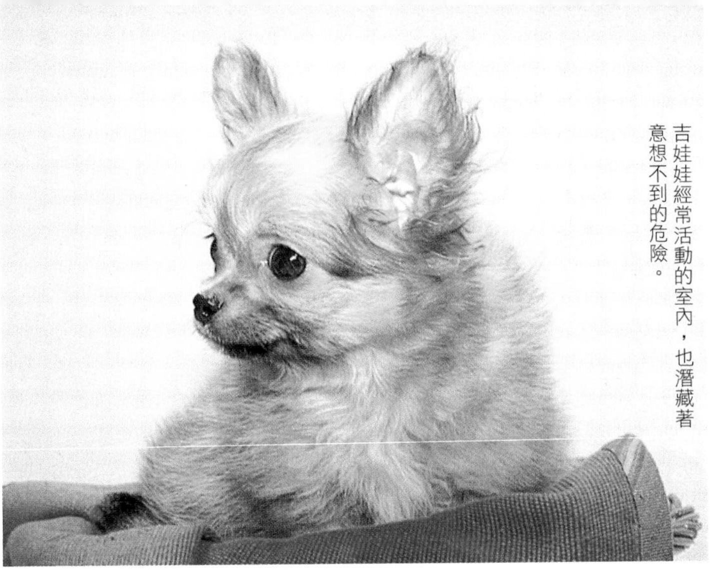

吉娃娃經常活動的室內，也潛藏著意想不到的危險。

肥胖。所以，從小要讓牠養成出去散步的習慣，適當地活動筋骨，才能成爲身心健康的狗狗。

◆注意以下的意外事故◆

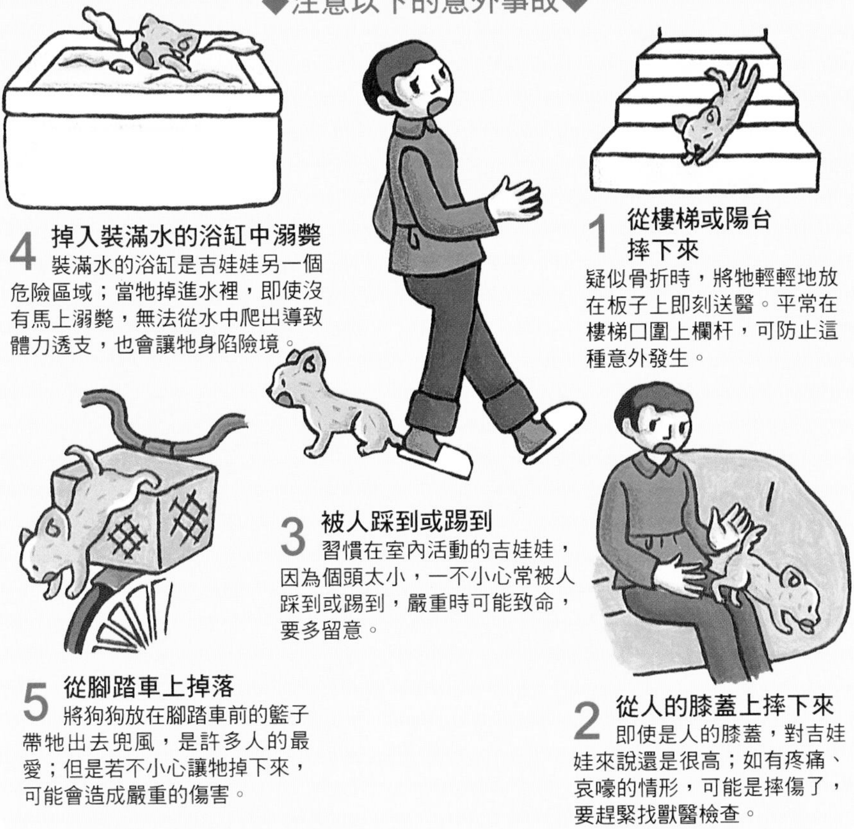

1 從樓梯或陽台摔下來

疑似骨折時，將牠輕輕地放在板子上即刻送醫。平常在樓梯口圍上欄杆，可防止這種意外發生。

2 從人的膝蓋上摔下來

即使是人的膝蓋，對吉娃娃來說還是很高；如有疼痛、哀嚎的情形，可能是摔傷了，要趕緊找獸醫檢查。

3 被人踩到或踢到

習慣在室內活動的吉娃娃，因為個頭太小，一不小心常被人踩到或踢到，嚴重時可能致命，要多留意。

4 掉入裝滿水的浴缸中溺斃

裝滿水的浴缸是吉娃娃另一個危險區域；當牠掉進水裡，即使沒有馬上溺斃，無法從水中爬出導致體力透支，也會讓牠身陷險境。

5 從腳踏車上掉落

將狗狗放在腳踏車前的籃子帶牠出去兜風，是許多人的最愛；但是若不小心讓牠掉下來，可能會造成嚴重的傷害。

第1章

不同生活型態之飼主的飼養方法

為了能和吉娃娃共享快樂的生活，有些事情一定要特別注意。

因為自己單身一個人常讓吉娃娃看家　A小姐的例子

我自己一個人住，是個典型的粉領族。爲了作伴，我飼養一隻可愛的吉娃娃，白天上班後就讓牠獨自看家，並給牠準備了體型和牠差不多的絨毛玩具或鞋狀塑膠玩具給牠玩。不過，牠還是曾經把我忘了收起的面紙或書本咬壞了。爲了怕牠亂咬東西影響牙齒的發展，我嘗試給牠各式各樣的塑膠玩具；後來因有些玩具零件會卡住牠的喉嚨，才決定鞋狀玩具最適合。爲了給牠一個單獨在家，也不會產生不安全感的環境，我家不裝電話或門鈴。像天氣很熱或很冷的時候，我出門前一定會開空調維持舒適的室溫，也會開點窗戶，讓空氣保持流通。等我下班回家，就是我和牠一起玩耍，培養感情的時間囉！等牠玩夠了，自然滿意地睡著了。

遇上自己身體不適時，我會請附近的朋友幫忙照顧牠。有時候因爲感冒睡得正熟，牠卻跑來催著我帶牠出去散步，或者把玩具堆在我的頭部四周。雖然有時會有這類小小的困擾，但我眞的很喜歡有吉娃娃相伴的生活。

我在准許養寵物的大樓飼養吉娃娃　B小姐的例子

雖然我住的大樓准許住戶飼養寵物，但是我還是擔心吉娃娃的叫聲會妨礙鄰居的安寧。一開始牠聽到門鈴聲就叫，令人不堪其擾。我就準備一個裝了幾顆小石頭的可樂罐，只要牠一叫就把可樂罐丟到牠身邊，大概是牠討厭那個聲音吧！後來牠就不叫了。

要讓狗狗獨自看家時，別忘了放些塑膠玩具陪牠喔！

便器不要放陽台，進電梯時要把狗狗抱起來。

其次是要用心刷毛，並注意不要讓脫落的毛飛得到處都是。我還在窗戶加裝低矮的伸縮護欄，隔離狗狗的行動範圍，避免牠自己跑到陽台或屋子外面。

像大樓的電梯或大廳等公共區域，常有家裡沒養寵物或根本不喜歡寵物的住戶出入。即使吉娃娃體型十分嬌小，還是要抱著牠，這樣也能預防狗狗突然便溺。吉娃娃幾乎沒有體味，便器一弄髒要馬上清理乾淨，並隨時注意身體的清潔。

我家養了吉娃娃和黃金獵犬

C小姐的例子

我家養了兩隻狗狗，先養的狗狗是吉娃娃（七歲），名叫里歐，個性開朗積極；後來養的是黃金獵犬（六歲），名爲那提，性情溫和親切。雖說牠們的體重分別爲2公斤和40公斤，相差相當懸殊，感情卻非常融洽。在我們家，都是由吉娃娃教育幼犬，我們並不太插手；或許放任狗狗自己去處理，反而是牠們和平共處的要訣呢！

狗狗的社會有上下階級關係，加上黃金獵犬個性十分溫和，養起來並不覺得辛苦，可以充分享受狗狗相伴的生活。提供飲食和點心時，要注意室內犬和室外犬的差異，餵食的地點、時間與內容也完全不同。但在兩隻狗都看得見的情況下給點心時，當然要先餵年長的里歐。任何事也要以里歐爲優先考量；散步時如果家裡剛好有兩個人，就一起帶牠們出門呢！

尊重狗狗社會的上下倫理關係，才能讓牠們好好地相處。

和家裡的孩子成為好朋友

D小姐的例子

剛把吉娃娃幼犬抱回家時，孩子喜歡抓牠過來一起玩，常讓牠太累而弄壞了身體。於是我告訴孩子，小狗剛離開媽媽會感到很不安，應該給牠一個可以好好休息靜養的空間。

我也聽說吉娃娃因爲體型太小，常發生一被人抱起來，手一滑就掉下來，或從椅子上跌落造成骨折的意外。所以，我跟念小學的女兒說，絕對不要站著抱牠，應該坐在地板上再抱牠。平常走路要注意腳下，避免吉娃娃跑過來，一不注意就踩到牠。關門或開門時，也要留意牠有沒有在旁邊。

家裡養了臘腸狗和吉娃娃

E小姐的例子

家裡先養的臘腸狗（公狗）叫做米格，已經動過絕育手術；而兩個月大來到我家的吉娃娃叫杜利姆，是隻可愛的小公狗。剛到家裡的那個黃昏，杜利姆或許還依戀著媽媽的溫存，竟窩到米格的肚子裡撒嬌。結果個性沉穩內斂的米格，和生性開朗活潑的杜利姆，就成爲非常要好的朋友。不管是吃飯、睡覺，牠們總是形影不離；雖然彼此的性情差很多，卻在我家同進同出。吃點心、出去散步都在一塊，完全不會忌妒或吵架，十分聰慧可愛。

臘腸狗因爲體型很長，如果過胖會增加腰部的負擔，要注意體重的控制。吉娃娃太胖也會加重足部的負

感情融洽地宛如兄弟的吉娃娃。

荷，可自行調製牠們的狗食。只要在烹煮人吃的三餐時，把煮好的魚、肉或蔬菜，在還沒調味之前，先取出一些加入白飯或牛奶，即可當作狗狗的食物，一點都不花時間呢！

我們是一起吃飯、睡覺、看家的好搭檔。

在寒帶或熱帶地方飼養吉娃娃

寒帶地區……

體型嬌小的吉娃娃格外怕冷，冬天記得用寵物專用的電熱毯爲牠驅寒。同時將電熱毯或電線外側套上塑膠保護膜，以防止不懂事的幼犬誤咬誤觸而發生意外。若是用電暖爐的話，要用細的塑膠水管或管子保護電線，避免幼犬亂咬。如果是把電毯通電放入毛毯或毛巾裡，牠會自己躲進去或跑出來以調節體溫。只要注意溫度的設定，即可避免溫度過低或燙傷狗狗。

熱帶地區……

天氣炎熱需要開冷氣爲吉娃娃驅除暑氣時，以25℃左右的室溫最適宜。要注意不要讓狗狗對著冷氣直吹，必要時開點窗戶保持通風。狗狗的夏季感冒尤其難纏，甚至會引發肺炎，如果人覺得冷的話，就應該把冷氣關掉。據說吉娃娃耐暑不耐寒，但是熱氣也會讓牠無力招架，可將狗籠放在通風良好的房間，避免讓室內充滿熱氣。

不耐寒暑的吉娃娃

為了讓怕熱的吉娃娃舒服點，可以去建材行買一些 10 公分見方的磁磚，拼成一個大方塊，讓牠睡在上面。如因體溫使原來睡的地點變熱，可讓牠移到涼快的地方，也不必擔心過涼傷了胃腸。冬天為牠穿上衣物禦寒，一開始牠可能不想穿，久了以後，天氣一涼還會催著主人幫牠穿衣服呢！

column 1

JKC 的犬種標準

每一個血統純正的犬種，都有堪稱是理想圖像的細節規範，這就是所謂的犬種標準（standard）。

（摘自「JKC 標準書第 9 版」）

吉娃娃 Chihuahua ●短毛種（Smooth） ●長毛種（Long）

■原產地

中北美洲大陸（美國、墨西哥）。

■沿革及用途

為世界上最小的犬種。由於犬種名稱與墨西哥的吉娃娃市同名，曾被認為原產自墨西哥，其實牠是 1800 年代中葉，美國人於美國西南方改良交配成的犬種。

有關吉娃娃的傳說很多。有一說法是，牠是墨西哥的托爾提克（Toltecs）民族，所飼養的「提吉吉」犬（techichi）之後裔與其他犬種交配而成的品種。

提吉吉犬目前已經不存在，但與其類似的狗狗，似乎仍存活於中美洲一帶。當哥倫布占領古巴時，曾向西班牙國王報告發現一小型且不太會叫的飼育犬。從征服托爾提克族的阿茲克特（Aztecs）民族的遺跡，可以發掘提吉吉犬的遺跡來看，可以確定這種犬種已經擁有數百年的歷史。還有一種說法表示牠是食用犬。

一直到 1904 年，美國育犬協會（AKC）才正式將吉娃娃登錄入籍。

屬性：家庭犬、玩伴犬。

■一般的外觀

體型嬌小、結實有力，性格聰慧，神情可愛。頭部渾圓，配上稍大的立耳，容貌相當獨特。

■個性

機靈謹慎，動作敏捷。

■頭部

頭型是十足渾圓感的蘋果型，臉頰和下顎肉薄。口部如楔型稍尖，鼻樑挺直稍短，鼻頭微翹。鼻子的顏色大致都依毛色為準，呈黑色或暗色系。牙齒又白又硬，呈水平咬合或剪刀狀。雙眼渾圓雪亮，不會很突出。雙眼間距比較開，眼睛的顏色主要是暗色，其他像紅寶石色或亮色系也是不錯的選擇。耳朵為大翹耳，緊張時會立起來，放鬆時約呈 45 度。

■頸部

頸部微呈拱型，長短適中。

■身體

肩骨偏高發達，背部挺直偏短，屁股微呈拱型幅寬。肩部適度傾斜，前胸肌肉十分發達。肋骨呈圓弧狀，充分伸展，腹部的骨架結實勻稱。

■尾巴

長度適中，向上方或外側舉起，和背部連成漂亮的弧度，尾巴的毛和全身的體毛充分調和為上上之選。

■四肢

前肢筆直，肘部與身體密合。腳趾小且密實，不像貓腿。趾間分明，但未分開。指甲很硬，顏色依毛色為準。後肢結實富有肌肉，腳跟低，腳趾、腳掌肉墊或指甲與前肢大致相同。

■體毛與毛色

（短毛種）柔軟光滑的體毛叢生具有光澤。頸部有粗毛，頭部上方和耳朵的毛相當短。毛色多樣化，有單色系、藍灰色、巧克力色、黑色、黑和黃褐色、紅色、古銅色等等，所有的毛色都獲得認可。

（長毛種）體毛長，毛質柔軟（摸起來沒有粗糙感）。直毛或微幅蓬鬆的體毛服貼於體表，但絕對不能是捲毛。除了耳朵，連脖子、四肢後側和尾巴都有裝飾毛。

■走路的樣子

步伐不大，但感覺很輕快。

■尺寸大小

體重　不論公狗或母狗都不得超過 2.7 公斤；以 1 公斤～1.8 公斤最理想。

■缺陷

不合格　1. 隱睪症

缺點　1. 過胖

2. 極端咬合不正

第2章

選擇和自己最「麻吉」的玩伴犬

第2章

飼養吉娃娃之前再想一想……

光覺得「可愛」並不夠資格養狗；想一想自己是否真的能夠給狗狗最大的幸福？

你家的環境適合飼養狗狗嗎？

養狗最重要的是居住環境，即一個可以飼養狗狗的環境。雖說吉娃娃的體型超小，還是不能把牠藏在禁止飼養寵物的大樓裡，這對人或狗狗來說，都是精神上的巨大壓力。

再者，從家庭環境的層面來看；尚有懵懂幼兒的家庭，很可能會把吉娃娃當作玩具。反之，家裡成員經常不在，常常要讓牠自己看家的家庭，對狗狗來說，更是個不恰當的居住環境。

所以，家裡每個成員都喜歡狗狗，為養狗的重要條件之一。因為從教養的訓練，到飲食的照顧、排便的清理，日常的照顧或健康的管理等等，都要靠全家人的合作與努力才能完成。

想養狗時要考慮 10 年內的事

一旦開始養狗的話，則有長達 10 多年的時間要和牠生活在一起。而你是否能預測到，在這段期間，自己週遭的環境會不會出現不利於飼養狗狗的巨大變化？養狗的人一定要有穩定的生活週期，才能從頭到尾給狗狗不變的關愛與照顧。

養狗之前先盤算最低限度的費用

許多人常憑一股衝勁，就把狗狗買回家；養了以後才發現費用支出過多。以下就養狗需要的基本開銷作一整理：①買狗的費用：吉娃娃的話，去寵物店購買約需二萬～三萬元。②狗食或寵物墊等清潔用品，每個月約一千元。③基本的健康管理費用，預防傳染病的混合疫苗、狂犬病疫苗注

養狗之前，先考慮能否給牠一個可以快樂生活的環境？

射、犬心絲蟲症的防治藥物：每年約三千元。④生活日用品：如狗屋、項圈、牽繩、美容的用品等等，齊全的話要一～二萬元。

除此之外，因生病或意外受傷去動物醫院就醫，更是不小的支出；像這些不定期的費用，一定要事先列入預算中。

飼主要負起一定的責任，才能和狗狗愉快地生活在一起。

◆選擇吉娃娃的最終考量◆

為避免開始飼養後，才出現「這種狗怎麼會這樣……？」的疑慮……

體型大小和書本差不了多少的吉娃娃。

1 成犬吉娃娃的體型會變的多大？

1～1.8 公斤是最適合的體重，但飲食失當或運動量不足，都可能讓牠的體重大幅增加，要格外注意。

2 需要多少運動量才夠？

吉娃娃光靠室內的嬉戲，還是可以獲得足夠的運動量，但是牠容易發福；最好從幼犬期，讓牠養成短時間散步的好習慣。

3 食量比其他狗狗少嗎？

一般來說，食量與體型成比例，所以吉娃娃的食量當然比較少，但要餵食高品質的狗糧。

4 會掉毛或出現體臭嗎？

吉娃娃屬於換毛週期短的犬種，比較容易掉毛，每天要勤於梳理。如果狗狗健康的話，聞不到甚麼體臭味。

5 會不會經常亂吠叫呢？

因警戒心較強，一有聲音就會開始大叫；故從幼犬期就要訓練牠，一聽到指令就停止吠叫。

第2章

去哪裡挑選可愛的吉娃娃？

從現在開始牠就是你長期的伴侶犬——購買時一定要謹慎小心。

花時間愼重選出能成為家庭愛犬的吉娃娃。

去信譽卓著的寵物店選購

屬於人氣犬種的吉娃娃，大部分的寵物店都會出售。從優良寵物店經手的狗狗，不管是什麼犬種，應該都是健康又容易飼養的狗狗。選購時最好多逛幾家，比較各種幼犬的差異。

店面清潔乾淨是選購幼犬的首要條件。那些未能即時清理狗狗排泄物的店家，在幼犬的照顧或健康管理上，恐怕難以信賴。再來可以和店員聊一聊，確定他養狗的知識夠不夠？態度親切嗎？是不是只把狗狗當作商品？有沒有眞的用心照顧狗狗？並確認店家是擁有販賣執照的合法店家。

去專門的繁殖業者處選購

繁殖業者簡單的說，就是犬隻飼育繁殖的專家。或許他不像寵物店那麼爲人熟知，但從繁殖業者處選購幼犬的好處很多。例如，在飼主買回家以前，幼犬可以一直和狗媽媽相處，不會感到不安與壓力；加上長時間和其他的手足一起生活，可培養出狗狗的社會性。其次，若是信用良好的繁

由專業的繁殖業者培育出的幼犬，身心比較健康，易於飼養。

殖業者，買完之後還可以請教他有關各種養育上的問題。

如果想知道繁殖業者的聯絡方式，可查閱寵物雜誌；或直接上網鍵入「吉娃娃」搜尋相關網站，即可獲得許多寶貴的訊息。

從繁殖業者那裡購買幼犬的優點是，可以看到幼犬的上一代，比較多隻幼犬再做選擇。所以，事先可用電話聯絡繁殖業者，從電話中感受一下他對吉娃娃的熱情，確認彼此的需求是否相符。

如果無法親自選購，對方又值得信賴的話，也可以用電話和他說明需求，由繁殖業者代為選購，再提供配送幼犬的服務。

吉娃娃幼犬依毛色、臉型或個性的差異，有各式各樣的選擇。所以，以健康為前提，從值得信任的寵物店或繁殖業者處購買吉娃娃，才是最重要的事。

購買幼犬時的確認事項

①幼犬個性上的特徵與健康狀態
②幼犬雙親的體質與特質
③幼犬的購買價格
④已經接種幾次傳染病的預防疫苗
⑤有無驅除體內寄生蟲
⑥萬一幼犬不幸夭折有無補償措施
⑦何時可以取得血統證明書

去各地流浪動物收容中心認養

或者是洽詢各地的公私立流浪動物收容單位或各大流浪動物網站，看看有無棄養，或走失的狗狗待人領養。雖說這些狗狗不見得是幼犬或系出名門，但幸運的話，或許也會遇上吉娃娃呢！

注意購買幼犬時可能發生的問題

血統證明書　即證明幼犬具有純正血統的文件。不管是參加犬展或繁殖交配都要出示這個證明。購買時，一定要確定何時可以取得血統證明書。

有無補償措施　確定幼犬買回後不幸病死或夭折的話，是否能在一定期限內要求賣方負擔醫藥費，或以其他犬隻取代。

要求看看雙親　幼犬的性格、特質或體質等，大致都和雙親類似，可從雙親身上看出幼犬長大後的模樣。

第2章

挑選一隻健康又容易親近的幼犬

健康的幼犬容易照顧，即使沒花多少心力，牠還是會長得很快。

抱著幼犬時觸感很重要

決定值得信賴的選購地點後，接下來要眞正選擇未來家裡的成員囉！選購時，健康當然擺第一位；檢查的重點可參考下一頁的圖解說明，先從外觀選出看似健康的狗狗。和其他犬種的幼犬相比，吉娃娃幼犬顯得格外嬌小，常給人無法信賴之感。但是，一隻眞正健康的好幼犬，抱起來的感覺遠比外表更沉更重。而且，牠那具有彈性的身軀，正訴說著無比的生命力。

幼犬的個性也很重要

只要給狗狗足夠的關愛，牠一定可以眞正成爲家裡的一員。不過，再怎麼說，性情開朗、充滿好奇心且喜歡和人親近的幼犬，還是比較容易飼養。試試看，你一出聲牠就馬上靠過來，或者是先對人觀察一下再接近，伸手摸牠也不怕生的幼犬比較適合。

要選公的還是母的？

●**公狗**　公狗的體型比母狗稍大，也較活潑，具有強烈的地域觀念。即使在家裡，也會撒尿作標記，要好好教養牠的如廁行為。

●**母狗**　一般都比較順從容易訓練。一年有 2 次發情期，出血量很少。因交配時選擇權在母狗飼主這邊，如有繁殖考量的話，母狗比較好。

短毛或長毛種都超可愛

●**長毛種**　豐富美麗的裝飾毛，襯托出優雅的氣質。而且整理起來也很簡單，不必花錢請專業美容師打理。

●**短毛種**　以前，一提到吉娃娃指的都是這種短毛種。在沒有裝飾毛的嬌小體型中，一雙大眼睛更顯出色，體毛的整理也很簡單。

◆選購健康又可愛的吉娃娃重點◆

濕潤的 鼻頭

起床時鼻頭濕潤，帶有光澤；睡覺時鼻頭比較乾燥。

雪亮的 眼睛

雙眼炯炯有神，眼睛四周沒有眼淚或眼屎殘留。

靈活的 屁股

一聽到呼喚聲即活潑搖晃尾巴的幼犬，表示個性開朗又健康。

漂亮的 耳朵

耳朵乾淨，裡面為漂亮的粉紅色。試試牠對聲音的反應是否正常。

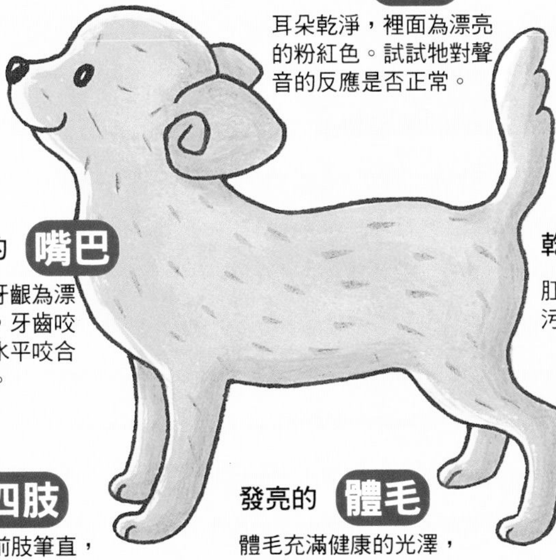

沒有異味的 嘴巴

沒有口臭，牙齦為漂亮的粉紅色，牙齒咬合正常（呈水平咬合或剪刀狀）。

乾淨的 肛門

肛門口緊閉，週遭沒有污物殘留十分乾淨。

結實的 四肢

骨骼強健，前肢筆直，後腳有角度。

發亮的 體毛

體毛充滿健康的光澤，皮膚乾淨沒有紅疹或局部脫毛。

決定未來狗狗的最後階段，一定要審慎考慮。

想讓狗狗參展的人要培養眼光

除了健康開朗的特性外，狗狗的外型姿態也很重要。飼主有機會可以多多參加犬展，觀察各形各色吉娃娃，徹底研究牠的犬種標準，並培養篩選優秀吉娃娃的眼光。

第2章

最後確認幼犬所需的用品

為了讓幼犬順利適應新的環境，事先一定要準備幾個用品。

可保護幼犬的狗籠十分實用

爲了讓因生活環境突然轉變，而滿懷不安的幼犬可以稍稍放鬆心情，飼主必須準備一個能讓狗狗安靜休息的場所。你可以利用紙箱自己裁切狗屋，但爲延伸成長之後的利用價值，一開始就準備一個狗籠還是比較划算。

像吉娃娃即使變成成犬，體型還是一樣那麼嬌小，若跑到腳邊一不留神，很容易踩到牠。再者，獨自看家時，誤食異物或誤觸電線造成觸電等意外，也時有所聞。爲了讓牠遠離家中的危險地區，在家人未能全心注意到牠時，還是讓牠進去狗籠裡面比較安心。

方便帶狗狗外出的攜帶型提籃。

食器和便器都要事先準備好

幼犬來到新家後，馬上會用到的東西首推食器和便器。

食器要準備二個，分別用來吃飯和喝水。一般的寵物店都會販賣各種

從幼犬期就要讓狗狗知道，只有玩具才能咬來咬去。

小型犬專用的小食器；其實只要外型和材質許可，人類專用的食器也可以列入考慮，這樣一來可選用的食器實在很多，但以底面積大，外型穩定，質地較厚的小陶器最適合。

在幼犬來的第一天，就要進行如廁教養，故便器一定要先準備好。最好使用塑膠材質，如盤子狀的犬用便器。裡面鋪上寵物墊教牠在這裡大小便，牠比較能理解便器和睡舖的區別。

怕冷的吉娃娃需要電暖器禦寒

吉娃娃是相當怕冷的犬種，最好在牠的起居室放置寵物專用的電暖器，加強禦寒效果。這類的電暖器附有耐用耐磨的電線，即使狗狗誤咬，也不至於造成意外。不過，狗狗對熱度的感應力似乎不太敏銳，有時會發生燙傷。所以，溫度最好設低一些比較安全。

◆有這些用品會更方便◆

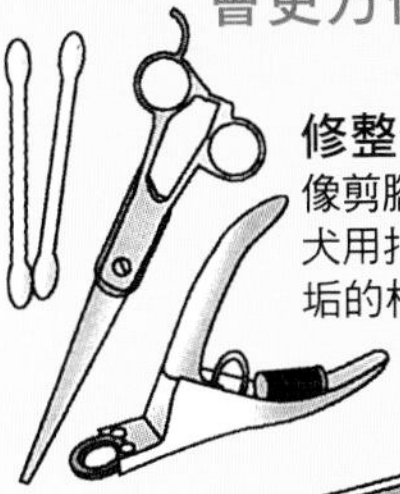

修整儀容的用具
像剪腳底毛的剪刀、犬用指甲剪、清除耳垢的棉花棒等。

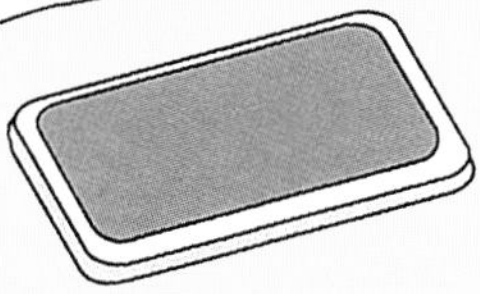

寵物專用電暖墊
可以設定溫度，防止溫度過低或燙傷。

攜帶型提籃
不管是出去旅行或上醫院都十分方便。

◆幼犬需要的用品◆

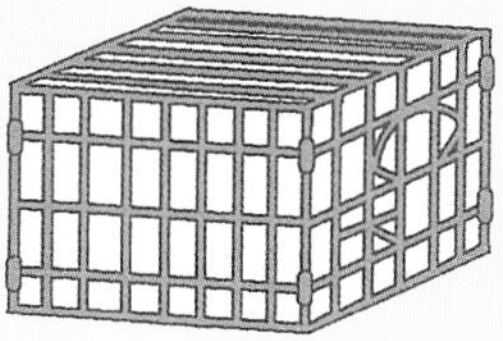

狗籠
這種組合式的狗籠，可配合幼犬的成長，確保足夠的空間。

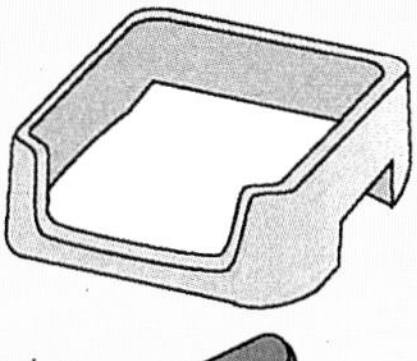

便器
在小型犬專用便器舖上寵物墊即可。

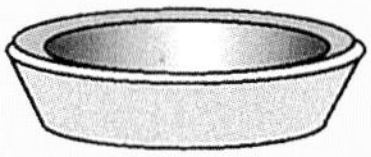

吃飯和喝水的食器
質地較重使用時不會亂動，或被打翻的食器為上上之選。

刷子
品質良好的木柄梳是長毛種吉娃娃不可或缺的用品。

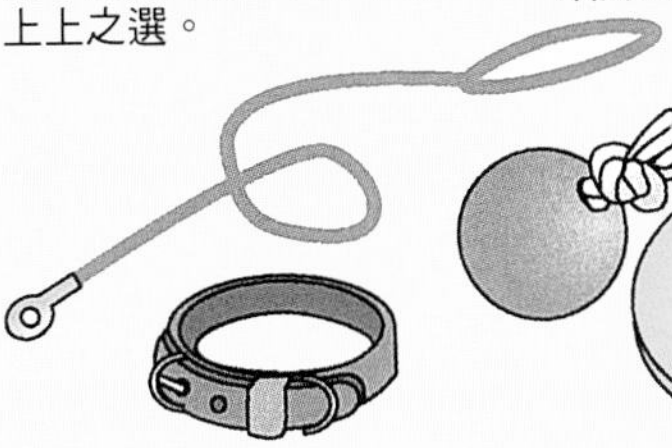

項圈和牽繩
比較細且質地輕巧的項圈，對狗狗的脖子比較沒有負擔。

玩具
很多東西狗狗都會想要咬一咬，但從小就要讓牠知道，只有玩具才能咬。

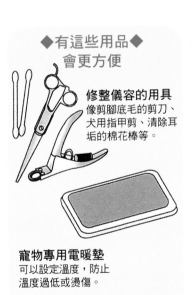

column 2

飼養吉娃娃的建議

File 1

如果是住公寓，光在室內即可運動的吉娃娃最適合！

長崎縣　高木靜香

「好奇怪……主人怎麼還沒回來啊？」

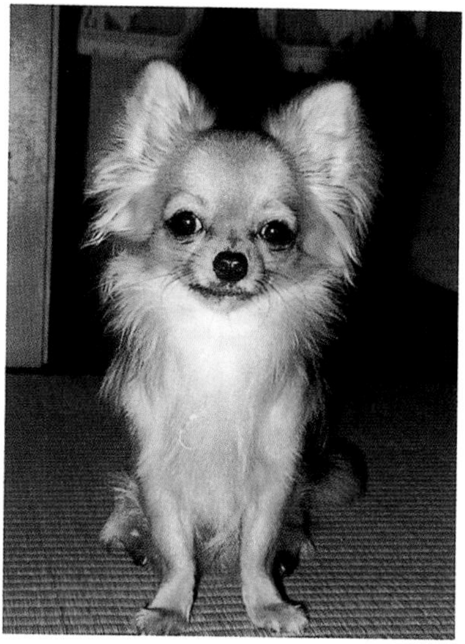

「要拍了嗎？我擺好姿勢囉！」

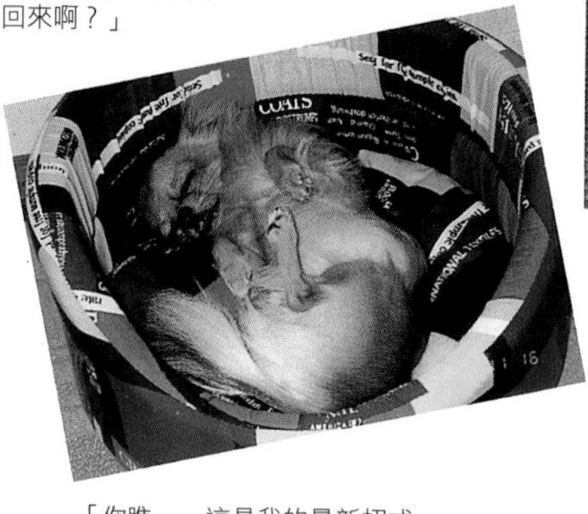

「你瞧……這是我的最新招式……美妙吧！」

我家的皮可(公狗)

2 歲 6 個月大

從很久以前，我就很喜歡動物，尤其是狗狗。但是，因本身體質過敏等因素，一直不敢養狗。結婚之後，自從在寵物店與皮可相遇，所有的情勢完全改觀。不知道為什麼，自皮可來我家之後，我的過敏似乎好了一大半，每天利用狗狗專用的玩具在家裡訓練牠坐下、趴下、等一下、拿過來等動作，實在很有趣。我還在陽台加裝網子（防止牠掉下去），天氣好的時候讓牠做做日光浴。對於很多教養，皮可都學得很快；不過，大概牠太聰明了，如果不高興的話，原本會的訓練都不肯做了。寂寞時，也不願去便器那裡大小便，彷彿藉此訴說牠內心不滿的情緒呢！

第3章

和可愛的幼犬一起快樂的生活

第3章

30日▶90日

在中午之前把幼犬帶回家

就到了要把幼犬帶回家的日子——飼主家人要有各種心理準備。

帶幼犬回家時一定不能忘記的事

當天儘可能在中午之前把幼犬帶回家，因爲要幼犬和一直生活在一起的手足或父母分開，突然來到一個全然陌生的環境，會讓牠十分緊張。尤其如果天黑以後才到新家的話，更是讓牠心生不安。

要帶牠回家時，可向原飼主確認幼犬有沒有舖著睡覺的毛巾；有的話一併帶回，舖在家裡的睡舖上，讓牠聞著毛巾的味道睡覺，可以安心地適應新的環境。

其他像原來的飲食習慣或健康狀態，當然也要問清楚。此外，記得詢問幼犬曾注射過哪些疫苗？何時可以取得血統證明書？

為降低幼犬對新環境的不安感，最好在中午之前把牠帶回家。

回家途中或回家之後要顧及幼犬的心情

因爲幼犬容易暈車，要帶回家的當天先不要吃早餐。爲謹慎起見，出發前一小時可以吃點暈車藥。

上車時用毛巾裹著幼犬，輕輕抱著牠坐在膝蓋上；同時要準備塑膠袋

如果幼犬覺得安心，也能早日適應新的環境。

◆迎接幼犬的到來◆

1 中午之前

早上儘早出門

早上儘量早一點出門，在中午之前把幼犬帶回家，趁家裡還很亮，讓幼犬適應居家的環境。

2 迎接幼犬

問清楚幼犬的個性

帶一些幼犬原來吃的食物，或牠喜歡的玩具回來，都是讓牠適應環境的好辦法。

3 移動過程

讓幼犬感到心安

讓牠坐在膝上，輕輕地抱著牠；事先要作一些措施，防止幼犬暈車、嘔吐或便溺。

4 中午以後

抵家之後先讓牠好好休息

先讓幼犬好好睡一覺，再等牠自己過來和你親近，溫柔以待。趁家裡還很亮，讓牠適應家裡的環境。

5 晚上

讓牠睡在自己的地方

剛到新家的幼犬，難免因為寂寞而夜鳴；不要介意約過 2～3 天牠就會習慣了。

或報紙，預防狗狗突然嘔吐或大小便。

到家之後，先讓牠去睡舖好好地休息，稍後不要急著去抱牠或摸牠，以免牠太緊張而弄壞腸胃。

當天的飲食只要餵一半就好；如果沒食慾不想吃，光喝水也沒關係。等牠睡一覺，精神比較好，想跟你親近時，再好好地呵護牠。

帶回家的幼犬有軟便現象，怎麼辦？

突然被帶到新環境的幼犬，容易因為過度緊張，引發腸胃不適而出現軟便現象，但也有可能是因為之前就生病的關係。先幫牠量體溫，如超過狗狗的正常體溫（37～39℃，幼犬會再高一些），要送醫診治。即使沒有發燒，但症狀持續半天以上的話，還是要送醫診治。

第3章

30日▼90日

準備狗窩、便器和幼犬的活動地點

在幼犬帶回家之前，就要把狗窩、便器等用品準備妥當。

給人和狗狗一個舒適的家

養在室內的狗狗與飼主是同一屋簷下的共同生活者，努力創造一個舒適的環境，才能讓雙方都住的很舒服。

①地板的選擇

對人來說，毛茸茸的地毯踩起來很舒服，卻很容易讓狗狗的指甲勾到；尤其長毛地毯更是危險，也不容易清除上面的狗毛。

所以，防水性佳（即使狗狗在上面大小便也好清洗），容易打掃，對狗狗足部沒有負擔的塑膠地板最適合。

◆室內飼養的理想圖◆

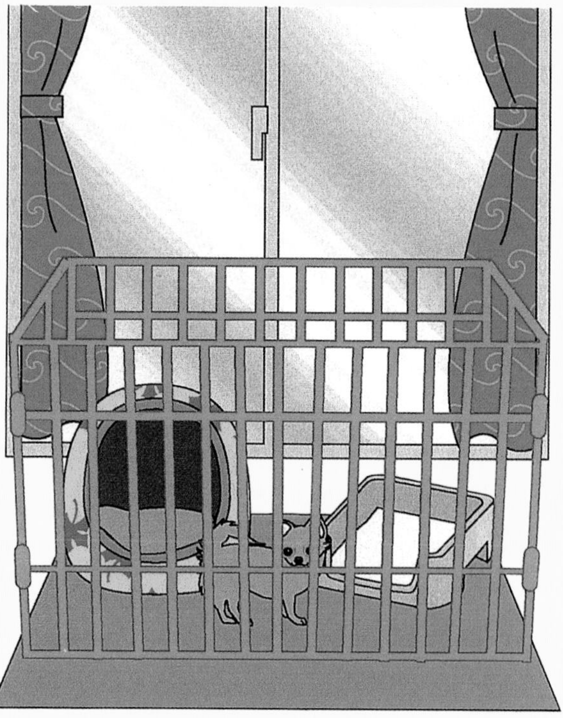

②狗籠的選擇

因爲吉娃娃體型很小，許多人都覺得牠不需要狗窩；其實不管是什麼狗狗，一個可以好好休憩的空間絕對需要。你可以利用紙箱自己裁切，或購買市面上的狗窩或狗籠。

人犬均能快樂生活的空間，才是理想的生活環境。

家人經常聚集活動的起居室一隅，最適合放置狗籠了。平常可讓狗狗自由進出，只有在客人來訪或外出時，再把牠關進狗籠裡。

狗籠裡面舖條大浴巾，就是牠睡覺的好地方；不遠處舖上塑膠墊，再加個寵物墊或報紙，方便狗狗排泄。當然也可以利用現成的便器。

要注意這個狗籠要夠大，方便吉娃娃在裡面玩耍。

③防止狗狗搗蛋

許多人都有被養在室內的狗狗搗蛋的經驗。你可以把牠喜歡亂咬的東西收走，或在牠愛咬的家具噴上具有特殊味道的噴霧劑，即可防止狗狗搗蛋。

◆室內飼養的理想條件◆

1 睡在起居室的一隅

狗狗是群體的動物，能和家人一起生活是件幸福的事。

2 安靜的休息空間

經常和家人一起活動的狗狗，也需要自己的獨立空間。

3 夏季通風 冬季溫暖

放置狗屋或狗籠的地點，要隨季節做適當的移動。

4 舒適的室溫

狗可以接受的溫度範圍，和人類相比，夏天比較高，冬天比較低。

5 便器常保清潔

勤於更換寵物墊，避免臭味殘留於屋內。

第3章

30日▼90日

飲食的份量、時間和次數應和之前相同

和嬌小的體型相比，食量算不小的吉娃娃，不能吃過飽以免危害健康。

突然改變飲食內容會影響幼犬的健康

對於剛帶回家的幼犬，短時間內（至少要幾天的時間）的飲食應與之前吃的一樣（如果吃狗糧要選相同品牌），而且餵食的份量、次數和時間也要一致。這是爲了避免突然改變飲食內容，影響了幼犬的健康。所以，帶狗狗回家時，可向原飼主要一些牠原來吃的狗糧，一開始先給牠吃這些狗糧也可以。

至於飲食的內容，也不要一下子就全然更新，可以一面減少原來的口味，一面增加新的內容，約花一週的時間慢慢調整爲新的狗糧。

飲食過量是造成肥胖或軟便的原因

一般來說，出生三十～九十天之內的幼犬，一天的份量要分四次餵食。因這時幼犬的胃容量小、消化功能未臻成熟，少量多餐是最佳的飲食方式。飼主要注意，這時期經常拉肚

■一天餵食的次數與份量

早上7點左右	◎
中午左右	◎
傍晚6點左右	◎
晚上10點左右	◎

◎表一般的份量。
○表比平常少一些的份量。
△表不餵也可以，餵的話份量要很少。
注意：減少餵食次數時，要慢慢進行。例如，每天逐漸減少要減的那一餐之份量，但增加其他餐的份量。大約以１週的時間改變餵食次數，讓幼犬逐漸適應。

規律的飲食生活是健康的泉源。吉娃娃有點貪嘴，小心別讓牠吃太多，並補充足夠的水分。

子或軟便或嘔吐的幼犬，日後恐成營養失調發育不良的成犬呢！

和牠那嬌小的體型相形之下，吉娃娃算是蠻能吃的狗狗；只要你給牠的，牠會全部吃光光，但這樣反而容易引起腹瀉或肥胖等後遺症。每天可以觀察幼犬的排便情形，如果食物常吃不完，就要減少份量，以避免吃太多。

狗狗一歲相當於人類十八歲 成長速度很快

發育中的幼犬平均一公斤體重所需的熱量爲成犬的二倍。在幼犬一歲相當於人類十八歲的快速成長期，一定要供應充足的熱量。當然狗狗所吃的食物裡面，也要包括各式各樣的均衡營養。

如果是品質良好的乾狗糧，在營養方面已作過嚴密的估算，比較不會有營養過剩的疑慮。

像幼犬骨骼發育不可或缺的鈣質或維他命D，若吃太多會引發拉肚子或便秘，使用時要特別當心。

◆正確的餵食要訣◆

1. 每天在同一時間、場所，以同一狗碗餵食。這是為了讓狗狗記住想吃東西時，只能在這時、這裡，以此狗碗進食。
2. 一發現牠邊吃邊玩，即使牠還沒吃完，還是要收起狗碗，要求牠在10分鐘內結束用餐時間。
3. 不要隨意更動飲食的內容。若心疼牠缺乏食慾，給牠特別可口的食物，牠可能會不吃原來的東西了。
4. 除了訓練時給牠少量當作獎賞之外，不要讓狗狗吃零嘴，應該訓練成即使沒有零嘴也很聽話的狗狗。
5. 弄好的食物不要馬上給牠吃，先訓練牠在狗碗前面坐下或等一下，效果很好。狗狗為了想要早點吃到食物，會拼命地學習這個動作。

第3章

30日▼90日

把東西收拾乾淨避免狗狗亂咬

幼犬好像什麼都喜歡亂咬——其實這是有原因的，絕不是惡作劇。

旺盛的好奇心正是幼犬「惡作劇」的原因

出生超過三十天的幼犬，體重爲剛出生時的四倍左右。從這裡我們大概就可以了解，和小嬰兒相比，幼犬的生長速度是多麼快速了吧！

任何東西都想咬一咬——狗狗的好奇心正是牠「惡作劇」的來源。

而出生四十多天的幼犬，乳牙逐漸長齊，五十天以後，動作更爲靈活，開始呈現豐富的情感與旺盛的好奇心。

這時的幼犬喜歡在屋子裡跑來跑去，在旺盛的好奇心和探索心驅使下，不管看到什麼東西都想咬一咬。牠們藉著聞一聞味道或咬一咬，來判斷那究竟是什麼東西。

長齊的乳牙在幼犬六～七個月大之前，會逐漸換成四十二顆恆牙；這段期間因爲牙齒又刺又癢，也是看到什麼東西都想要咬一咬。

這種行爲在人類眼裡只當是搗蛋、惡作劇，其實它也是狗狗成長中必要的過程。所以，不要光是責備狗狗，可以給牠一些怎麼咬都無妨的犬用橡膠玩具，幫牠度過這個時期。

從狗狗出生到一～二個月大期間，不僅是體格也是性格發展的黃金期。這時的幼犬如果沒有獲得充分的關愛與保護，長大後容易變成個性有缺陷的狗狗。所以，既然把牠帶回家了，飼主就該以媽咪（或爸比）自居，好好地照顧牠，給牠最充分的關懷。

可以給牠咬的東西

狗狗獨自看家時，常感到有壓力而亂咬東西；所以，外出時可以給牠一些喜歡的玩具紓解牠的情緒。

◆留意以下的物品◆

橡皮筋
如果誤食，在體內也容易造成腸阻塞或腸套疊十分危險。

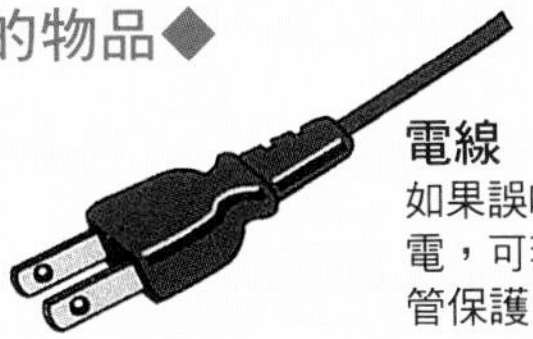

電線
如果誤咬可能會觸電，可套上細塑膠管保護。

觀葉植物
有些植物具有毒性，一旦被動物誤食會發生危險。

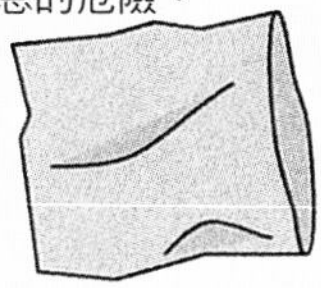

塑膠袋
幼犬若不小心套在頭上取不下來，會有窒息的危險。

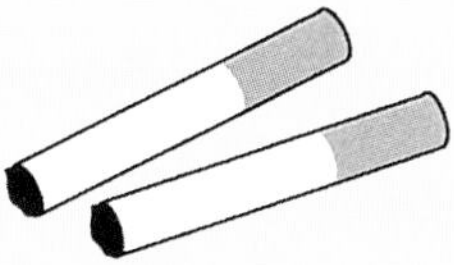

香菸
若誤食裡面的菸絲，有害身體的健康。

教導幼犬認識人類社會的常規

正常來說，出生二～三個月大以後的幼犬，骨骼越來越結實，透過與母狗或手足間的嬉戲互動，學習狗狗社會的常規。不過，這個時期正好也是幼犬被帶到新飼主家的好契機。如果幼犬老是待在狗狗的社會裡，恐怕無法適應人類社會的常規呢！

這時期的幼犬適應力很好，即使來到一個嶄新的社會，也能儘早適應新的環境。

對飼主家庭來說，好好教導獨自來到新家的幼犬有關人類社會的種種常規，更是義不容辭的責任與義務。

很多人類看似理所當然的事情，對幼犬來說可能充滿問號；請不要操之過急，發揮最大耐性好好地教牠。

至於那些容易被幼犬誤咬而發生危險的東西（如上圖所示），一定要收拾乾淨。

◆抱吉娃娃的正確方法◆

1 用一手的手腕內側和掌心托住吉娃娃的臀部和後腳。

2 另一手放在吉娃娃的腋下，撐起上半身，直直地抱在胸前。

30日▼90日

晶片登記和疫苗注射

依據動物保護法規定，民眾應為狗狗植入寵物晶片與定期注射疫苗。

給狗狗身心健全的生活

①晶片登記

在台灣針對出生超過九十天以上的幼犬，動物保護法上規定飼主有義務，在開始飼養的三十天內，必須到獸醫院進行登記。完成登記後，即可取得狗狗狂犬病牌和身分證。

②狂犬病疫苗注射

每年飼主要帶狗狗去獸醫院注射狂犬病疫苗，這也是法律上規定飼主該有的義務。動物醫院全年都有這樣的服務，完成注射的狗狗可以領到犬牌並掛在項圈上。

許多傳染病的疫苗注射

這雖非法律上規定飼主的義務，但為了狗狗的健康，飼主還是應該讓狗狗完成狂犬病之外的各種疫苗注射。

因疾病的不同，狗狗應該注射的疫苗當然也不一樣，從一次注射即可預防三種傳染病的三合一疫苗到八合一疫苗都有。而且依狗狗的體質或生活環境的差異，應注射的混合疫苗也不同。幼犬期需注射三次，以後每年追加注射一次。

犬種團體的入會方式（日本）

各式各樣的犬種團體很多，就以經手各種犬種，目前吉娃娃登錄隻數在全國高居首位的日本育犬協會（JKC）來說，只要繳納會費提出申請，即可取得會員證與徽章，每月還可收到犬展等活動會訊，並可參加各種犬展比賽。

狗狗依體質或生活環境的差異，需要接種的疫苗也不同，可洽詢值得信賴的獸醫。

血統證明書是狗狗的身分證明

血統純正的狗狗於育犬團體登錄後，可取得此團體發行的血統證明書。上面除了記載有關此犬的出生年月日、登錄號碼、繁殖者姓名、所有者姓名之外，至少還要記入三代十四隻祖先犬的名字或參展的冠軍資歷，這對日後的交配有加分的效果。

吉娃娃變成垂耳時……

飼主去專賣店購買可讓耳朵立起的膠帶，先縱貼於耳朵內側，再橫貼於摺下的部分作補強，要貼幾天才有效果。幼犬的皮膚很細，要特別小心。

■各種狗狗的傳染病

疾病名稱	症　狀	預防方法
犬瘟熱	持續性的發燒、咳嗽、流鼻水、血便、脫水症狀等；嚴重時會出現痙攣的神經症狀，甚至導致死亡。	可在出生的50～60天與90天後，進行第1、2次注射；此後每年注射一次活疫苗加以預防。
犬傳染性肝炎	症狀為發燒、食慾不振、下痢、嘔吐、腹痛等。常與其他的病毒性傳染病合併，好發於幼犬，嚴重時導致死亡。	注射活疫苗加以預防。犬瘟熱（D）和犬傳染性肝炎（H）2種混合疫苗（DH疫苗），現在已十分普及。
犬病毒性腸炎	腸炎型出現劇烈嘔吐、下痢或血便、脫水；心肌炎型導致心臟麻痺猝死，兩者的致死率都很高。	1年2次注射這種病毒的不活化疫苗效果最好，不要讓狗狗隨便舔食其他犬隻的排泄物。
犬鉤端螺旋體症	持續嚴重的下痢或嘔吐，病情惡化時出現血便或血尿，還會造成腎功能失調導致死亡。	可以注射在犬瘟熱與犬傳染性肝炎疫苗中，加了鉤端螺旋體不活化疫苗（L）的DHL疫苗。
腺病毒第II型感染症（傳染性支氣管炎）	病犬不斷咳嗽、流鼻水，體力快速消耗掉，幼犬等抵抗力差的狗狗容易死亡。	注射腺病毒第II型疫苗，狗屋或狗狗經常活動的場所要保持清潔。
狂犬病	攻擊中樞神經，造成全身麻痺。患者或病犬走路會搖晃、口水流不止、出現咬牙切齒狀，致死率高達100％。	每年春天注射1次狂犬病疫苗，各地機構都會舉辦集體注射。
犬心絲蟲症	有咳嗽、血尿、貧血、腹水等症狀，血液循環不佳，侵襲心臟為首導致其他臟器衰竭。	除初次過夏天的幼犬外，做完血液檢查可服藥預防，此種疾病以蚊子為媒介，要特別加強驅蚊。

第3章

室溫以24～25℃最理想

90日▶6個月大

這是身心快速成長的時期，飼主要特別留意室溫的調節，以避免狗狗生病。

比較不怕熱卻相當怕冷的犬種

在宛如人類少年的這個時期，正是狗狗身心快速發展，一生中最重要的時期。在提供均衡營養的飲食，留意健康管理的同時，還要好好地關懷牠，讓牠學會與人共同生活所需的常規或態度。

這時期的狗狗地盤意識強烈，牠會明確顯露出想保護自己和主人生活的這個家與其周圍的念頭。所以，對著家裡的陌生人或經過屋外的人狂吠，都是這種地盤意識的表現。

雖說吉娃娃因爲個頭小，叫聲也小，甚至不太會引人注意，但是讓牠不要亂吠的教養仍不可缺。除此之外，還要注意室內的溫度，讓吉娃娃健康地成長。

吉娃娃很怕冷，冬天要留意溫度的調節。

冬天寒冷的季節

原產於中美洲等熱帶國家的吉娃娃，似乎比較耐得住夏季的酷熱，而畏懼嚴冬。一年之間，適合吉娃娃生活的室溫以24～25℃爲宜。冬天的時候，除了保暖的毛巾或毯子，最好加個寵物用電熱墊幫牠驅寒。不過要注意，別讓牠誤咬電熱墊的電線，並且留意睡舖四周有無縫隙灌入冷空氣。

看不到牠時讓牠進去狗籠比較放心

除了外出讓牠獨自看家外，因其他因素需要暫時離開牠時，為避免不小心踩到牠，最好把牠關進狗籠等安全的地方比較放心。

炎熱的夏天要注意通風，室溫以 24～25℃最適合，並保持睡鋪的清潔。

夏天炎熱的季節

和嚴冬比起來，吉娃娃似乎比較不怕熱，但對吉娃娃之類的短鼻犬種來說，炎熱的夏天還是很難挨。尤其若長時間被關在通風不良、熱氣滙聚的房間，牠容易中暑，甚至死亡。所以，留牠獨自看家時，一定要特別注意這點。

反過來說，爲了消暑就一直開著冷氣，也常讓吉娃娃感冒呢！尤其冷空氣常吹到房間的底層，而狗狗又比人更貼近地面活動，加上吉娃娃體型小，沒多久就會覺得太冷了。

因此，只要人稍微感到有些涼意，就可以暫時關掉冷氣；如此用心調整室內的溫度，才能讓狗狗安心度過炎熱的夏季。

還有要注意，當夜深了每個人都回去自己的房間睡覺後，別忘了在吉娃娃睡覺的地方調節適當的溫度，並稍微打開窗戶保持通風。

為了保持空氣流通，住高樓層時也要把窗戶打開？

吉娃娃本身幾乎沒有甚麼體味，但還是要注意室內的換氣與通風。如果住在大樓，可讓牠在陽台嬉戲，順便做做日光浴。這時要注意，窗戶或陽台的欄杆縫隙如果太大，要加裝竹簾或板子，避免吉娃娃摔下去發生危險。

睡覺用的毛巾經常換洗預防皮膚病

夏季是蚊蚤好發的時節。吉娃娃的皮膚非常敏感，容易罹患皮膚病，睡覺的地方一定要保持清潔。用來鋪在睡鋪上的毛巾也要經常換洗，當然冬天也不可掉以輕心。

第3章

90日▼6個月大

飲食份量以八分飽最健康

吃過多容易引起下痢或肥胖，應該找出每隻狗狗最適合的份量。

仔細觀察狗狗吃完後的樣子

三個月大之後的幼犬，胃容量變大，消化機能也比以前發達，一天的飲食可以分成早、午、晚三餐進食。

這時期的份量以八分飽最恰當。

■一天餵食的次數與份量

	2～3個月	4～5個月	6～7個月
早上7點左右	◎	◎	◎
中午左右	◎	○	○
傍晚6點左右	◎	◎	◎
晚上10點左右	◎	△	

◎表一般的份量。
○表比平常少一些的份量。
△表不餵也可以，餵的話份量要很少。
注意：減少餵食次數時，要慢慢進行。例如，每天逐漸減少要減的那一餐之份量，但增加其他餐的份量。大約以 1 週的時間改變餵食次數，讓幼犬逐漸適應。

有些狗狗吃完以後，會有還想再吃的念頭；試著拿走狗碗，如果牠覺得無所謂開始玩了起來，就表示沒有關係。萬一牠還是在原地徘徊，一副不滿足的樣子，有可能是份量不足喔！

記得常給狗狗喝乾淨的水。

其次，從大便的狀態也可以觀察狗狗飲食份量夠不夠；便便太軟表示吃太多，太硬的話可能是吃不夠。

這時還要將幼犬專用奶粉，慢慢換成一般的奶粉；但千萬不要突然改變，否則會引起消化不良呢！

新鮮的水對狗狗很重要

狗狗無法像人一樣，經由發達的汗腺排汗，只能吐著舌頭急促呵氣，排出多餘的汗水。所以，喝水是攸關狗狗生命的重要大事呢！

水對狗狗也是非常重要

除了飲食，水也是狗狗不可或缺的食物。和人類一樣，狗狗身體的水分會透過大小便、呼吸、喘息或腳底的汗腺流失，如果在四十八小時以內沒有補充水分，會引發脫水現象。

所以，飲食固然重要，喝水也是狗狗維繫生命的重要環節。記得在同一個地點，常幫狗狗準備足夠的新鮮水源。

不過，水喝太多也可能影響狗狗的健康。所以，每次加的水應該適量，並留意牠喝水的情形。

狗狗不能吃的食物有哪些？

除了蔥類或過甜過鹹的食物以外，章魚、整片香菇、蒟蒻等不好消化的東西，咖哩等辛辣香料，都會危及狗狗的健康，應避免讓狗狗吃人類的食物。

有些食物會危及狗狗的健康

蔥類尤其是洋蔥，一經加熱被狗狗食用會引發血尿、貧血或黃疸。巧克力會刺激狗狗的中樞神經，引起痙攣或嘔吐，其他的甜食容易攝取過多熱量。再者，狗狗不易藉著排汗排出多餘的鹽分，所以，太鹹的東西也不要給牠吃。

和體型比起來，食量算是不小的吉娃娃，應該嚴格控制牠的食量。

第3章

90日▶6個月大

四個月大以後再帶牠出去散步

飼主想早點帶狗狗出去散步的心情可以理解，但還是等牠四個月大以後吧！

散步的好處和理由

吉娃娃屬於體型超小的犬種，光是讓牠在室內自由地跑來跑去，運動量就相當足夠。

不過，爲了吉娃娃的身體健康著想，適度的日光浴仍然需要；同時爲讓牠習慣外頭的世界，每天的散步更是重要。

從另一方面來看，嬌小的吉娃娃帶點神經質，心裡如果藏著壓力很容易生病，所以，早晚涼快的時候，要帶牠去外面散步。但是，四個月大以後再帶出去散步比較好，以免增加感染各種傳染病的危險。

四個月大以後再帶出去散步的理由

幼犬出生時從母狗媽媽身上所吸吮的奶水，稱爲初乳；初乳提供了充分抗體以對抗疾病。但是，等幼犬五十～六十天大之後，這些抗體會逐漸消失。

所以，爲了讓狗狗的體內形成抗體，必須帶牠注射疫苗。不過，如果幼犬的體內還殘留一些免疫力的話，疫苗的抗體就無法發揮功效。因此，等幼犬六十天大可作第一次疫苗接種；如果疫苗沒有發揮功能，三十天後再作第二次接種，再隔三十天接種第三次。要注意的是，接種之後約三十天疫苗才能發揮最好功效；如此加一加時間，幼犬大概要四個月大以後

帶狗狗散步可消除壓力，預防肥胖呢！

才能帶出門。

當然這些抗體也會隨著時間的過去，逐漸失去功效；故從翌年開始，每年要追加注射疫苗一次。

六個月大以後加上牽繩運動

剛開始帶吉娃娃出去時要抱著牠，讓牠看看各種東西，聽聽各種聲音，認識外面的世界。更重要的是，讓別人對牠說話或摸摸牠，幫牠學習與人類溝通的方式。

等牠慢慢習慣了，再帶牠去公園等安全的地方玩耍；直到幼犬六個月大以後，再加上牽繩出門散步。在這之前，幼犬的骨骼發展還不是很完整，過度用牽繩拉扯牠的身體，會讓骨骼有變形之虞。

飼主帶狗狗散步時，會發現牠經常半途停下來，對著電線桿聞聞上面的狗尿味，然後再撒上自己的尿。這稱為「做記號」，乃狗狗為了確定自己活動範圍的習性。性徵成熟期的公狗，也常出現這種行為。不過，接觸其他犬隻的尿，也可能傳染疾病，要多加注意。

加上項圈或犬牌

帶狗狗去公園等地玩耍，為避免發生愛犬走失的意外，記得在牠的項圈或犬牌註記主人的姓名、地址和電話，讓撿到的人方便聯絡。

小型犬專用項圈

掛在項圈上的心型吊牌，可加上主人的聯絡電話，方便狗狗走失時尋回。項圈有分大小，可以依狀況選購。

◆如何在炎熱的夏季或嚴寒的冬季散步？

夏季

狗比人貼近地面，容易被地面上的陽光反射而中暑，散步時間以涼快的早上或太陽下山以後為宜。

冬季

冬天要選在日照溫暖的早上 10 時到下午 3 時的時段，陰雨天時最好避免外出。

牽繩出門運動。不過，要在脖子套上項圈和牽繩，恐怕不少狗狗都會覺得討厭而抗拒。這時不要急，也不要罵牠，只要牠慢慢習慣帶上項圈和牽繩，運動的距離也可以逐漸加長囉！

散步回來後，記得用刷子刷掉牠身上的污垢和灰塵，然後再餵牠吃東西。如此每天於相同的時間做同樣的活動，建立規律的生活，對狗狗的健康很有幫助。

第3章

性徵成熟後進行絕育手術

6個月▼1歲6個月大

體型漸漸長大成「犬」的吉娃娃，開始迎向性徵成熟的時期。

如果考慮讓母狗生育，母狗於出生8～10個月大即能懷孕生產。

心理與生理都邁入成犬的準備階段

吉娃娃二歲大就算是成犬，在六個月～一歲半的期間，稱爲青年期，乃身心都邁向成犬的準備階段。通常吉娃娃在十個月大左右，已經具備了成犬的體型，接下來包括內臟在內的身體各部位，也一天天成長茁壯。

六個月大以後的吉娃娃，可加上

◆公狗的性徵成熟與因應的方式◆

騎乘動作

狗狗會騎乘在人的腳上，當作一種補償性的交配行動；飼主應嚴厲斥責制止，或無視於這個行為換位子坐。

做記號

狗狗有在散步途中頻頻撒尿，確定自己活動範圍的習性，不要全部禁止，限定牠在一定的場所和次數即可。

對母狗感到興趣

公狗對母狗感到興趣是天性，但一不小心就會讓母狗懷孕，絕對不要讓牠隨便接近發情中的母狗。

如不考慮繁殖幼犬，應讓狗狗接受絕育手術。

不考慮繁殖時做絕育手術

母的吉娃娃於八個月到十個月大之間，初次迎接發情期。這稱爲性徵成熟期，母狗具備生殖能力，可以和公狗交配。但在這之後並非一直處於發情階段，而是每六個月左右才有一次發情期。

至於公狗會比母狗晚個二~三個月才具有生殖能力。和母狗不同的是，公狗沒有明顯的發情期，一年之中隨時處於可以交配的狀態，只要聞到發情中母狗的味道，就能勾起牠的交配慾望。

所以，爲了避免家裡的公狗到處留情，或頻頻於散步途中撒尿做記號，如果飼主不考慮繁殖幼犬的話，最好幫公狗和母狗做絕育手術。

公狗只要在性徵成熟之後，任何時間都可進行絕育手術；母狗的話，等性徵成熟，身體也發育成熟以後再絕育比較好。通常在第一次或第二次發情之後的三~四個月後，爲母狗最佳的絕育手術期。

或許有人會認爲幫狗狗絕育不夠人道，其實對狗狗來說，透過這種手術從發情期解脫，還比較幸福呢！不過，動過手術的狗狗容易發福，記得多運動，不要吃太多。

絕育手術後有如此功效……

動過手術的公狗，比較沒有攻擊性或到處做記號，母狗不會有生理性出血現象。而且，公狗罹患精巢腫瘤、前列腺炎，或母狗罹患乳腺腫瘤、子宮蓄膿症的機率都會降低。

手術後的狗狗容易發福，記得多運動，不要吃太多。

第3章

6個月▼1歲6個月大

狗糧和自己調配狗食的優缺點

乾燥型狗糧一直是許多飼主的理想的狗食，但自己動手調配狗食也有很多優點呢！

狗糧

乾燥型狗糧含有均衡的營養

青年期以後的幼犬，是邁向成犬構成強健骨骼的重要階段。這時期的食量比幼犬期大，一天要餵早、午、晚三餐（中餐可餵少一點）；等牠八個月大以後，固定餵食早晚二餐。二歲之後進入成犬階段，一天只餵一餐也無妨。不過因爲吉娃娃體型很小，長時間空腹的話，無法保持足夠的體力；加上肚子過餓就會吃很多，反而弄壞了胃腸，所以吉娃娃還是一天餵

■一天餵食的次數與份量

	8個月～1年	1年以上
早上7點左右	◎	◎
中午左右		
傍晚6點左右	○	△
晚上10點左右		

◎表一般的份量。
○表比平常少一些的份量。
△表不餵也可以，餵的話份量要很少。
注意：減少餵食次數時，要慢慢進行。例如，每天逐漸減少要減的那一餐之份量，但增加其他餐的份量。大約以1週的時間改變餵食次數，讓幼犬逐漸適應。

想親自調配狗食餵狗狗的話，要注意營養均衡。

◆各式各樣的狗糧◆

點心棒
常當作訓練時的小獎賞，不能給牠吃太多。

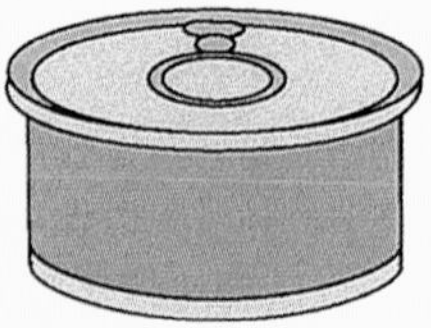

罐頭型
將肉類加熱處理成的罐裝狗糧，是狗狗的最愛，價格也最貴。

半生型
半生柔軟的口感，比乾燥型更受狗狗歡迎，但價格較貴，不易保存。

乾燥型
營養均衡、口感較硬，價格便宜，容易保存。

乾燥型狗糧雖然營養均衡頗值得推薦，但裡面的添加物有時會讓狗狗產生不適，要特別注意。

二次比較恰當。

至於狗糧的選擇性有很多，但以具備均衡營養，價格便宜，容易保存的乾燥型狗糧最適合。這種狗糧涵蓋了狗狗所需的營養成分，無須另外添加其他營養食品。

選購時記得認明包裝上有成分標示清楚，才是品質優良的狗糧。

乾燥型狗糧除了營養均衡，還有強固狗狗牙齒或下顎的優點。

但美中不足的是，狗糧爲增加色香味，或延長保存期限而加入的添加物，有可能是造成狗狗「淚痕」（即眼睛下面茶褐色的毛）的原因。所以，一定要選擇品質優良的產品。

光藉著改變食物就能治好狗狗的「淚痕」

曾聽說有些乾燥型狗糧的添加物，是造成狗狗「淚痕」（即眼睛下面茶褐色的毛）的原因。有人試著親自調配食物取代狗糧，結果狗狗的「淚痕」就逐漸消失了。也許剛好是這隻狗狗體質上的關係才會有「淚痕」，不過如果家裡的狗狗有相同的困擾，飼主不妨試試這個小妙方。

自己調配的狗食

了解狗狗需要的營養成分

自己動手調配狗食的最大好處就是，可以給狗狗吃天然的食品，避免加工食品引發的疾病。但從營養層面來考量，自己調配的狗食營養不及飼料，也是不爭的事實。所以，若想自己製作狗食的話，對狗狗的身體狀況，或牠所需的營養成分必須有深一層的了解與研究。

狗狗是人類生命中的好伴侶，飼主應該和愛犬建立親密的信賴關係。

第3章

從遊戲或運動中紓解壓力

6個月▼1歲6個月大

對超小型的吉娃娃來說，運動或遊戲也是消除壓力的妙方呢！

散步時不要用力拉扯牽繩

像吉娃娃這種超小型的犬種，也和大型犬一樣，需要散步教養等訓練；透過這個教養，可以讓牠對飼主的服從性更好。

不過，因吉娃娃的體型實在太嬌小了，有時無法配合飼主的腳步行走；這時千萬不要不耐煩地用力拉扯牽繩，只要輕輕地拉一拉項圈，聰明的吉娃娃就會調整腳步和你一起走了。

散步時以早晚各二十～三十分鐘即可。邁入成犬期之後，就算下著毛毛雨帶牠出門也無妨，不過散步時間可以短一些。回家以後，用熱毛巾擦拭狗狗的身體，然後再以乾毛巾拭除多餘的水氣。

遊戲或運動都是消除壓力的方法

吉娃娃很喜歡嬉戲，散步時可帶牠去公園等安全的地點，拿掉牽繩讓牠盡情地奔跑玩耍。

或者是和牠玩玩短距離的撿球遊戲。這時，泥土地面會比一般的水泥地讓牠更省力，對身體沒有負擔。

狗狗也會產生壓力嗎？

經過調教更適應人類社會常規的狗狗，無法過著與生俱來的生活方式，不知不覺囤積了人類所不知道的壓力。所以，不要光是嚴格地訓練牠，教養之後的一同嬉戲、散步，更有助於狗狗釋壓呢！

在公園若碰上其他飼主帶來的狗狗，不妨讓牠們好好玩一玩。對一直要適應人類社會常規的狗狗來說，與同儕間放鬆地嬉鬧、逗趣，都是抒發心中壓力的好方法呢！

平常在家的話，給狗狗一些專用的玩具，牠也可以自己玩得很開心；對著玩具或咬或聞，不僅可以打發無聊的時間，嗅覺或觸覺也能獲得一定的滿足感。

不過要注意，太小的玩具恐怕會讓牠誤食，不宜給牠玩。

◆和吉娃娃一起嬉戲◆

拿掉牽繩讓牠自由活動
有機會的話，也要讓牠在安全的地方自由活動。

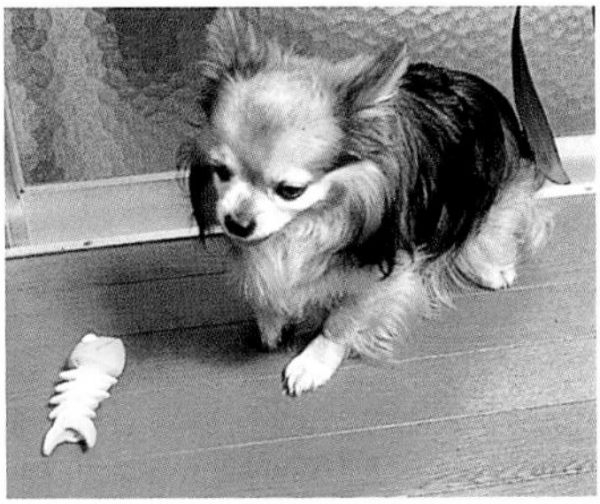

玩玩具
可以幫牠解悶獲得滿足感的玩具，是一定要的啦！

和其他狗狗玩
回到狗狗社會的樂趣，讓壓力一掃而光。

第3章

老狗要吃容易消化的東西

7歲～8歲

七～八歲的狗狗算是進入老年期，應該給牠安穩舒適的晚年生活。

飲食方面

高品質蛋白低熱量為主

一般來說，狗狗一上了年紀，腎臟或肝臟等機能每下愈況，消化功能也越來越差。所以，容易消化、高品質蛋白、低熱量的食物最適合老狗食用。如果吃狗糧的話，要選老狗專用的產品。

不過，老年的吉娃娃食慾還是很旺盛，對食物仍有執著的一面，但是要小心別讓牠吃太多。如果牙齒已經脫落，或下顎鬆軟無力，可以在狗糧裡加些牛奶或湯汁，把食物弄軟一些，方便老狗食用。

運動方面

仍然需要適度的散步

上了年紀的吉娃娃行動越來越不靈活，睡覺的時間變多。這麼一來，運動量不足會導致食慾不振。反之，也可能因爲不愛動反而更貪吃，而變得更胖。所以，飼主還是要每天帶牠出去作適度的運動。如果是十歲以上的老狗，隔一天出去一次也無妨。

散步除了稍微延緩肌肉的衰老速度，促進血液的循環之外，還能讓老狗做個日光浴，消除心中的壓力。不過，如果牠眞的很不想動，還是不要強迫牠比較好。

適當的散步可以轉換心情，順便做做日光浴。

吉娃娃可以活多久？

據說越大型的狗壽命越短，其原因並不十分清楚；像聖伯納這種超大型狗狗，約有 10～12 年壽命。相較之下，吉娃娃就比較長壽，可以活 12～15 年左右。當然即使犬種一樣，每隻狗狗的壽命還是有差別，也要靠飼主的努力才能延長愛犬的壽命。

健康管理方面

需要定期做健康檢查

對於行動越來越不方便的老狗，飼主要更加留意牠的睡覺地點或室溫，給牠一個冬暖夏涼的居住環境。

雖說這時老狗的體毛日漸無光，每天刷毛仍是體貼牠的例行工作。這不僅能刺激皮膚，促進血液循環，還可預防皮膚病，維持狗狗的健康。刷毛時，要溫柔地對牠說說話喔！

老狗因牙齒不好習慣吃軟的食物，很容易形成牙結石，導致嚴重的齒疾；所以，吃完東西記得幫牠刷刷牙，清除牙垢。此外，要定期帶老狗健康檢查，及早發現眼疾、關節炎、心臟病、糖尿病等疾病。

◆變成老狗以後……◆

老狗的行動會變得不方便，飼主更要溫柔相待。

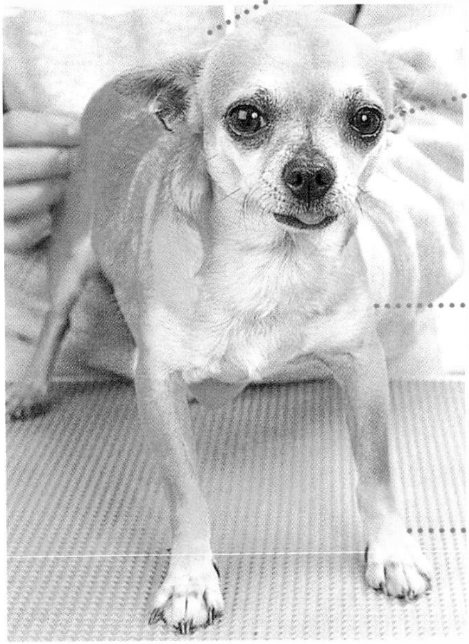

聽力

聽力逐漸喪失，但因狗的聽力原本就比人類好，還不至於讓牠的生活產生極大困擾。

眼力

眼睛逐漸看不到，但是牠會慢慢習慣，飼主不要經常移動家裡的擺設。

體毛

逐漸失去光澤，但還是要每天幫牠刷毛，保持清潔，促進血液循環，預防皮膚病。

四肢

腰腿日漸無力，地板可加上墊子，避免老狗摔跤；食器可以放高一點，方便牠進食。

除了飲食與散步，還要定期帶老狗健康檢查，維護身心的健康。

我的大眼睛夠美嗎？

超人氣的小可愛——Chihuahua is No.1！去蛙蛙！

帶著滿懷的好奇心和些許的不安，我要去探險囉！

糟糕……被發現了！這次換我當鬼囉！

沈默

一個人好無聊喔！
我要出去找朋友玩啦！

昨天沒睡好……腦袋瓜有點昏昏的……

瞌睡蟲

一雙善解人意的
大眼眸！

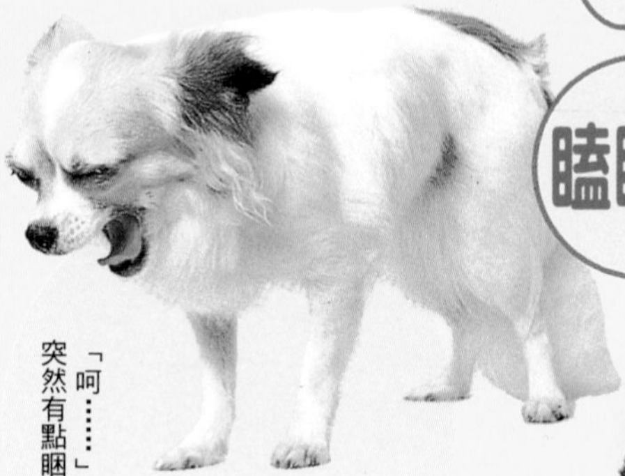

「呵……」不好意思，
突然有點睏呢！

要拍了嗎？這個姿勢
怎麼樣？

望著遠方的狗狗，
似乎心事重重呢！

今天天氣不錯，好想
出去散步喔！

魔鏡啊！魔鏡！我和玫瑰花誰比較漂亮呢？

咦……前面好像有美味的食物……口水快流出來了！

撒嬌

瞧我的電眼……你被
電到了嗎？

瞧……我也會擠眉
弄眼喔！

那裡好像有點高……不過我的
挑戰精神沒人比得上呢！

在陽光底下說悄悄話的好朋友。

好像雙胞胎的吉娃娃真是可愛。

超人氣的小可愛——

吉娃娃！

Chihuahua is No.1!

再站高一點……
還是看不到哇！

今天去庭園散散步！
你瞧……連花兒都在
迎接我們呢！

我最喜歡帶夥伴
到這裡玩！

我們的五官很美吧！
連毛色都不一樣呢！

column 3

狗狗走丟了怎麼辦？

萬一狗狗不小心走丟了，
身上又沒有飼主的聯絡電話，找起來就格外困難。

●去流浪動物收容所詢問

如果狗狗身上有植入晶片甚至有掛犬牌，就可以聯絡飼主領回。萬一沒有聯絡資料，狗狗過約 7～10 天就會被進行人道。所以，發現狗狗不見了，趕緊去上述單位詢問，而且要多問幾次，多找幾個地方。

●去附近的動物醫院詢問

有些人會把撿到的狗狗送到動物醫院，請醫院方面暫時照顧。如果可以馬上聯絡上飼主最好，萬一不行只好等飼主主動前來醫院尋找了。

●公立流浪動物收容中心

■台北市內湖動物之家(02)87913254~5
■台北縣板橋市公立流浪動物收容所(02)29510158
■桃園縣家畜疾病防治所(03)3324544
■新竹市政府棄犬中途收容中心(03)5368329
■苗栗縣家畜疾病防治所(037)320049
■台中市可愛動物園(大肚山望高寮)(04)24712597
■台中縣家畜疾病防治所(04)25263644
■南投縣家畜疾病防治所(049)2225440
■彰化縣家畜疾病防治所(04)7620774
■雲林縣家畜疾病防治所(05)5322905
■台南市動物防疫所收容中心(06)2130958
■台南縣家畜疾病防治所(06)6323039
■壽山動物關愛園區(07)5519059
■屏東縣家畜疾病防治所(08)7224109
■宜蘭縣公立流浪動物中途之家(03)96000717
■花蓮縣公立流浪犬中途之家 (038)421452
■台東縣家畜疾病防治所(089)233720~3
■澎湖縣公立流浪犬收容中心 (06)9213559
■金門縣公立棄犬收容中心(0823)336625~6

幫愛犬掛上犬牌，
萬一走失了才能找回來。

●上網貼告示詢問

也些飼主會利用有關網站，上網貼告示請大家協尋狗狗，或注意有無迷路的狗狗待領的消息。

●常見流浪動物認養網站

寶島動物園--台中市世界聯合保護動物協會
http://www.lovedog.org.tw/
桃園阿貓阿狗愛心小站
http://www.taconet.com.tw/tyacad/
台灣認養地圖 http://www.meetpets.net/
台灣動物救難隊 http://www.trueness.idv.tw/
ROSE 的流浪動物花園
http://www.doghome.idv.tw/
高雄縣流浪動物保育協會
http://www.savedogs.org/
我想去你家
http://www.dogbaby.idv.tw/link.htm

第4章

讓狗狗變聰明的教養方法

第4章 大大的讚美是教養的重點

主人的讚美是對狗狗的一大肯定。利用這個特質的教養效果最明顯。

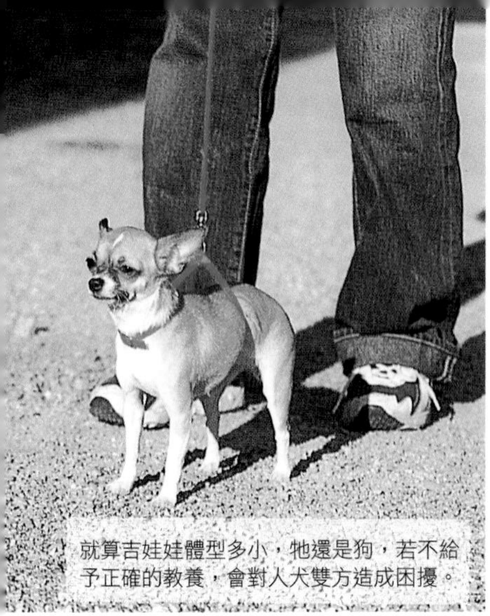

就算吉娃娃體型多小，牠還是狗，若不給予正確的教養，會對人犬雙方造成困擾。

能獲得狗狗的信賴是教養的前提

爲了讓狗狗可以和人們快樂地生活在一起，必須在某種程度下限制狗狗的行動，讓牠能適應人類社會生活的常規。

幸運的是，狗狗原本就是一種群體生活的動物，絕對服從群體中的領導者。當家族（也算是一個群體）裡的飼主，成爲牠的領導者的話，狗狗對飼主就會十分忠心和服從。

不過，唯有狗狗對飼主產生相當的信賴感，牠才會認可飼主爲自己的領導者。而且，飼主要在日常生活中握有主導權，狗狗才不會爲所欲爲。像吉娃娃這類的小型犬很會撒嬌，如

◆正確的讚美與斥責方法◆

飼主的教養標準要一致

對狗狗相同的行為採取不一樣的教養態度，會讓狗狗搞不清楚對錯。

讓牠知道誰才是老大

用不溺愛又明確的態度對待狗狗，清楚地讓牠明白誰才是家裡的領導人。

時間點很重要

不論是讚美或斥責牠，都要選擇狗狗正在做或剛做完的時間點。時間一過，再跟牠說也沒有用了。

正確地斥責方法

斥責時要以堅定的態度對牠說：「不可以！」而不要情緒化地指責牠。

不好好教養牠，牠反而會恃寵而驕，以爲自己才是老大，飼主不可不愼。

大大讚美 適度斥責是 教養的要訣

教養的基本原則就是反覆地讚美和斥責。尤其狗狗都會打從心底希望獲得主人的誇獎，所以，應該找機會大大地讚美牠。反之，斥責狗狗要適可而止，過度責罵會讓牠裹足不前，凡事失去自信呢！

不管是讚美或斥責，如果狗狗不解其意，就無法獲得效果。像「不可以！」、「很好！」等教養語彙，全家都要統一；對狗狗相同的行爲採取不一樣的教養態度，會讓狗狗搞不清楚對錯。斥責時態度要堅定，讚美時摸摸牠的胸部，顯示出欣慰與肯定的表情。再者，不論是讚美或斥責，一旦過了時間點狗狗就無法理解了，所以一定要當場教導牠。

用點心給予獎勵的方法

教養狗狗時，如果牠按照指示做的很好，先口頭讚美牠，再用小點心或牠喜歡的東西當作獎勵，增加訓練的效果。但是，為避免牠吃太多造成肥胖，每次只要給一點點就好了，當牠學會以後慢慢減少給點心的次數。

狗狗的個性都不一樣，教養時一定要特別留意狗狗的特性。

玩具也是教養的輔助器材

玩具或球球都可以吸引狗狗的注意力。如希望狗狗集中精神，或想要好好地誘導牠時，玩具會有加分的效果。

第4章

過來和進去狗屋的教養方法

一叫牠的名字，牠就會跑過來！

教養的方式有二種，一是利用玩具吸引狗狗過來，另一種是用牽繩誘導牠。不管是用哪一種方式，只要狗狗乖乖過來身邊，記得要好好地讚美牠。

萬一叫牠牠不過來的話，千萬不要罵牠或對牠發脾氣。這反而會讓牠想逃走，或心生畏懼更不敢過來。

一叫牠就乖乖過來的話好好讚美牠

「過來」是訓練狗狗聽話的重要教養之一。如果狗狗聽到主人喊牠的名字叫牠「過來」，牠就會自己乖乖過來的話，跟狗狗的相處應該會更融洽。為了確保不論在什麼狀況下，狗狗都會乖乖聽話，不僅是室內，也要去室外訓練。

利用玩具訓練

離狗狗一段距離，用玩具吸引牠的注意，再叫牠「過來」；在牠過來之前要耐心等待。

等牠真的乖乖過來時，好好地讚美牠，和牠玩一下繼續練習，直到不用玩具，一叫牠就過來。

利用牽繩訓練

先讓牠坐著等，輕拉牽繩叫牠「過來」，引導狗狗乖乖地過來。

等牠真的過來，好好地讚美牠，繼續練習，直到不用牽繩，一叫牠就有反應。用長一點的牽繩比較方便控制距離。

進去狗屋的教養之一：壓牠的身體

把狗狗帶到狗屋前面，叫牠「進去」同時輕推牠的臀部，讓牠進去裡面。

進去後好好地讚美牠，如此反覆練習，直到牠會自動進去狗屋裡面。

進去狗屋的教養之二：利用點心

叫牠「進去狗屋」，同時用點心引誘牠，等牠乖乖進去再給牠吃點心，要反覆練習。

習慣後拉長牠和狗屋的距離，慢慢減少餵點心的次數，直到牠聽到指令就會進去。

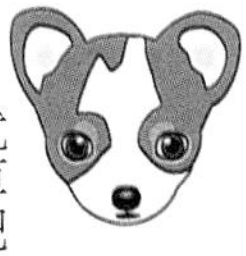

狗屋是狗狗感到安心的私人空間

就算把狗狗養在室內，牠還是需要一個可以獨處、安睡的私人空間。有時候客人來訪，或許也要讓牠暫時迴避一下呢！在這些時候，進去狗屋的教養就非常必要囉！

不管是有屋頂的狗屋或用鐵絲網組成的狗籠，裡面都要放個毛巾或墊子當作睡舖，再把它放在家人都可以看到的起居室一隅。

通常訓練狗狗進去狗屋的方法有二種；一是直接輕推幼犬的臀部，讓牠進去狗屋裡，另一是用點心引誘牠進去。

等狗狗學會「進去狗屋」的教養，讓牠在裡面「坐下」或「等一下」，靜候下一個指令。

第4章

如廁的教養方法

從幼犬來的那一天開始訓練

了解排泄的生理週期和想如廁的訊號

如廁教養是室內犬必要的訓練。一般人都誤以為只要把便器準備好，狗狗自然會去那裡上廁所。其實飼主若沒有好好教養牠，牠可能會在屋子裡隨處便溺。一旦牠有這種不良習性，想要糾正牠可就難了；所以，從帶回幼犬的那一天起，就要實施如廁訓練。

剛開始教養時，選擇一個地點當作固定如廁的地方，在牠學會之前不要換位子。當你發現狗狗開始繞圈圈，一副焦躁不安的樣子，就是想上廁所的訊號，要馬上帶牠去如廁地點。此外，早上起床或吃完飯，都是想上廁所的排泄週期，記得趕緊帶牠去。來到如廁點後，再發出「噓—噓—」的聲音催促狗狗排泄，慢慢地牠就會養成很好的如廁習慣。

應付狗狗在室內做記號的方法

公狗為了確認自己的行動範圍，從性荷爾蒙發達的5個月大以後，會開始撒尿留下氣味。如發現狗狗在室內出現這種做記號的行為，應嚴加斥責，馬上帶牠去如廁地點。平常帶狗狗出去散步時，禁止牠隨意撒尿做記號，也是防止狗狗在室內做記號的重要方法。

萬一狗狗隨地大小便的話……

在狗狗學會定點如廁之前，一定會有很多失敗的經驗；千萬不要大聲斥責牠，否則牠會更加畏懼，反而出現偷偷大小便的怪癖。當狗狗表現得不錯時，也不要吝於讚美牠。

等牠學習告一段落，熟悉基本的如廁教養後，如果還有隨意大小便的情形，一定要現場告誡牠。

把狗狗隨地大小便的味道徹底擦拭乾淨，不要留下氣味。

如廁的教養方法

在睡眠期長的幼犬期，可將睡舖和便器一起放進狗籠裡，飼主要有耐心教養狗狗如廁。

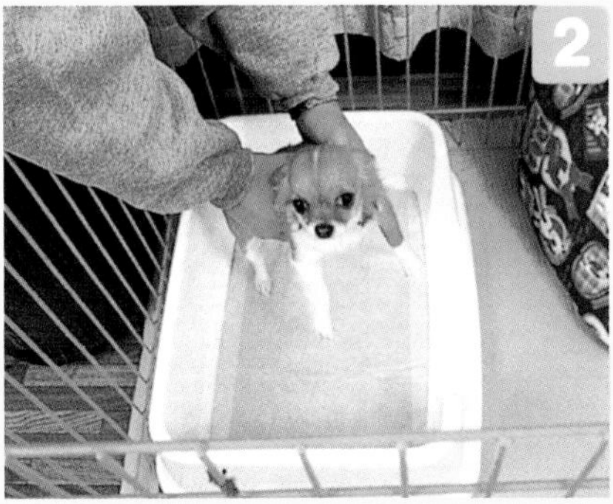

配合排泄週期把牠抱到便器裡，發出聲音催促牠排泄，排泄完畢要讚美牠，再讓牠回去睡舖裡，要反覆練習。

注意狗狗的動靜，當你發現牠開始繞圈圈，一副焦躁不安的樣子，就是想上廁所的訊號。

馬上帶牠去如廁地點，發出聲音催促牠排泄；在完成排泄之前，不要讓牠離開籠子。

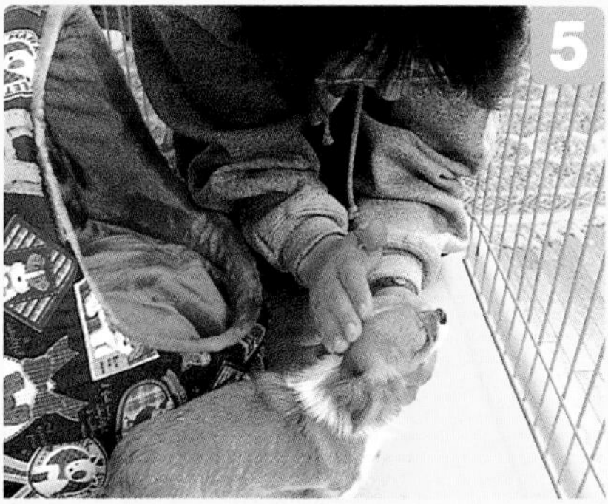

排泄後要讚美牠，繼續練習直到牠可以自動到便器排泄。在寵物墊上留點排泄物的味道也是訓練的好方法。

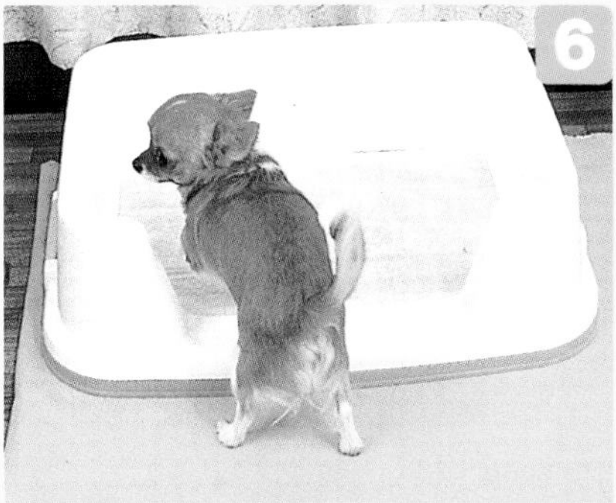

等狗狗習慣後，將睡舖移走，狗籠也可以拿掉，萬一牠又失敗，再回到前一個階段練習。

第4章

吃飯的教養方法

吃飯時坐下和等一下的訓練

利用吃飯時訓練服從性

狗狗吃飯的規定是，每天在同一時間、同一地點餵食。如果牠一顯示飢餓你就餵的話，會讓牠無視於常規，變得不聽管教。要吃飯時，先要求牠乖乖坐著，讓牠等一下再給牠吃。或許有人覺得這樣狗狗很可憐，其實這種每天的飲食訓練，可以培養狗狗的自制性和服從性。

如果狗狗吃到一半就開始玩起來，可以把食器拿走不給牠吃；如此一來，牠下次就會在規定的時間內乖乖把飯吃完。

萬一狗狗出現挑食的毛病，還是要把食器拿走，直到下次用餐時間之前，都不要餵牠吃東西。等牠肚子很餓時，一定會把食物吃光光。

此外，不要隨便餵人類的食物給狗狗吃。一旦餵了，下次牠看到有人在吃東西，就會有所期待跟在旁邊，吃多了也容易發胖。

吃飯的教養方法

把食器拿到狗狗頭上，趁牠自然坐下來時對牠說：「坐下」；若牠乖乖坐好，再好好讚美牠。

將食器放在地板上，對著牠的臉伸出手命令牠「等一下」，讓牠稍微等一下。如果牠想過來吃，把食器拿走重新訓練。

聽到「開動」的命令再讓幼犬吃飯。食器最好選底盤重，不易打翻的材質。

坐下的教養方法

飼主跪在狗狗旁邊，右手拉著牽繩，左手放在牠的腰部。

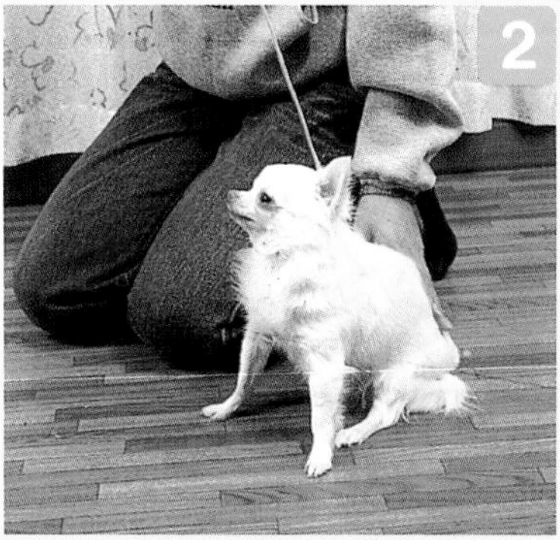

命令牠「坐下」，輕輕將牽繩往上拉，壓牠的腰部讓牠坐著。若牠乖乖坐著，再好好讚美牠。

「坐下」的教養也可運用在其他方面

「坐下」是控制狗狗行動最基本的教養；除了吃飯以外，不論其他地點或狀況，都需要這個指令掌握狗狗的行為。利用牽繩作訓練，效果會更好。

首先輕輕拉幼犬脖子上的牽繩，命令牠「坐下」，同時壓牠的腰部讓牠坐著。如此反覆練習，直到狗狗聽到命令就會乖乖坐下來。

等一下的教養方法

先讓狗狗坐下面對自己，對著牠的臉伸出手命令牠「等一下」。

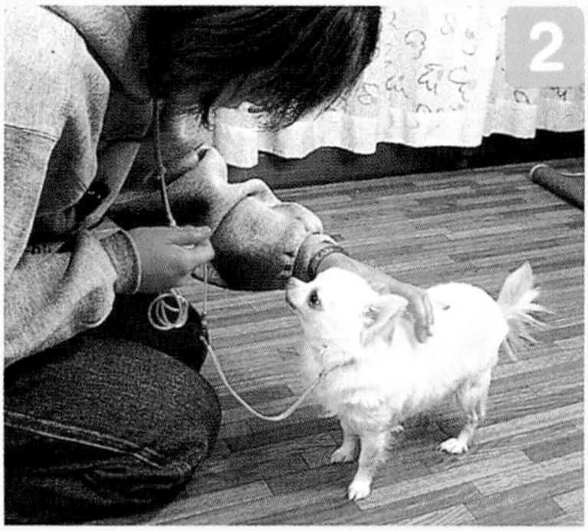

人慢慢地往後退。若狗狗還想動，馬上再命令牠「等一下」。若牠乖乖等著不動，要好好讚美牠。

「等一下」的教養也可運用在其他方面

當我們希望狗狗停止牠的動作時，可以對牠說「等一下」。這個教養可以抑制狗狗強烈的衝動或興奮感，和「坐下」一樣，能運用在各式各樣的情況。訓練時先讓狗狗面對著飼主坐下，對著牠的臉伸出手命令牠「等一下」，飼主慢慢地往後退，看狗狗是否乖乖待在原地不動。

第4章

散步的教養方法

讓狗狗跟在主人旁邊走的訓練

外出時，先讓牠等著，飼主先出去；回家時，一樣由飼主先進門，再讓牠進來——這可以教牠理解行動的主導權在主人身上。

散步時可利用牽繩，讓狗狗跟在飼主的旁邊，配合飼主的步伐前進，千萬不要讓牠爲所欲爲跑來跑去。如果剛開始狗狗想要跑到前面去，要命令牠「跟著」，輕拉一下牽繩抑制這種行爲。

飼主也可以小跑步讓幼犬跟在後面，教牠習慣跟著主人走。萬一牠想吃路邊的食物殘渣或其他狗狗的便便，更要嚴厲禁止牠「不可以」，用牽繩控制牠的行動。

讓狗狗養成配合飼主步伐的習慣

等幼犬六個月大，骨骼充分發育之後才是帶牠出去散步的好時機。

散步的教養方法

讓狗狗跟在飼主的左側。一開始牽繩拉短一些，並常對牠說話，讓牠集中注意力。

剛開始幼犬經常跑到前面去。

這時要命令牠「跟著」，瞬間拉一下牽繩，讓牠回到自己的旁邊，當然拉牽繩的時候不可太用力。

加些小跑步的動作讓幼犬在後面追，習慣之後牠就會意識到自己應該配合主人的步伐走。

◆想讓狗狗坐在腳踏車的籃子裡時……◆

像吉娃娃這類體型超小的犬種，很方便利用腳踏車的籃子載來載去。狗狗坐在籃子裡時，用背部牽繩（胸套）取代項圈固定於籃子上，以避免騎到一半狗狗從籃子裡跳下來。剛開始先牽腳踏車繞幾圈，等牠不怕了再騎。

籃子下面鋪個毛巾，幫狗狗穩定腳步。

能放在腳踏車籃子的背包式狗袋十分方便（小型犬專用）。

可用專用掛鉤或將背部牽繩的適當長度固定於籃子上。

為什麼狗狗散步時會到處聞來聞去？

很多飼主都會發覺狗狗很喜歡在外頭到處聞。這是因為狗狗的嗅覺相當敏銳，牠會透過東西的氣味獲得各種情報，尤其牠很喜歡聞其他犬隻的大小便，但這會增加牠罹患傳染病的機率，最好加以阻止。

遇上其他陌生的狗狗時……

體型雖小勇氣卻不輸其他狗狗的吉娃娃，即使碰上比自己大好幾倍的狗狗，牠還是想接近對方，有時甚至顯示攻擊的態度。但結果可能會被對方咬傷，所以，碰上陌生的狗狗還是不要讓牠隨便靠近比較好。

◆散步後的清潔維護◆

帶狗狗散步回來後，先用濕毛巾擦拭全身，再幫牠刷毛。並檢查腳掌肉墊或趾縫間有無異物。如果那天風很大，還可以用眼藥水點眼睛洗乾淨。

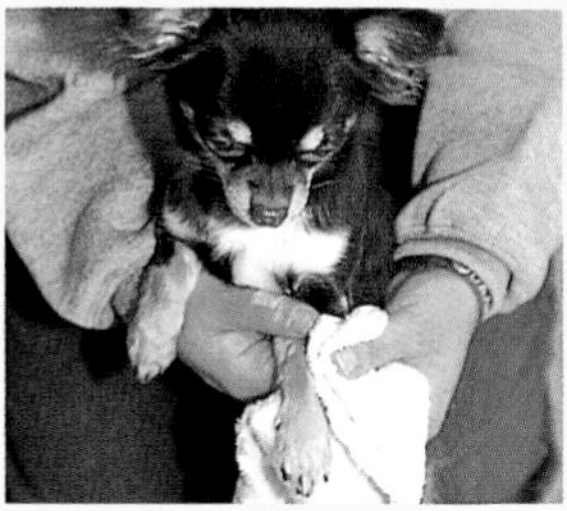

如果身體不是很髒，刷刷毛就可以了；長毛種要特別注意清潔。

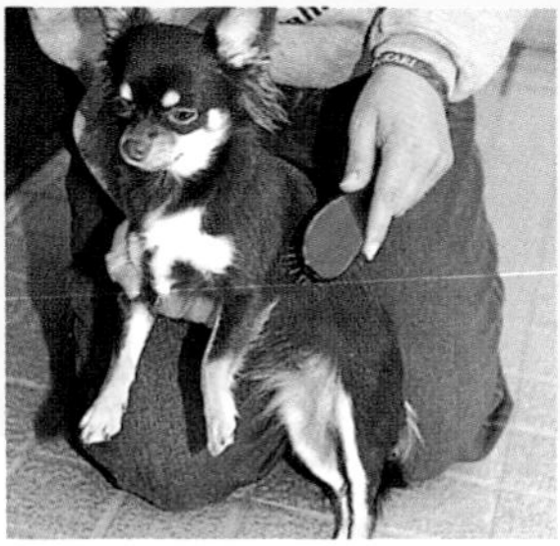

狗狗身上會有看不見的細菌，一定要幫牠擦乾淨。

第4章

讓狗狗習慣坐車的教養方法

感到害怕時要讓牠慢慢習慣

放進攜帶型提籃或狗籠確保安全

家裡養狗的人，總會有機會帶狗狗出門，所以，平常就要讓牠習慣坐車。

坐車時，把狗狗裝進攜帶型提籃是最安全的方式。平日可依照訓練狗狗進去狗屋的要領，教狗狗乖乖地待在提籃裡。

當提籃放在車子裡時，一定要繫上安全帶，剛開始先放在較平穩的前座。

最初幾天先坐個五分鐘就好，讓牠習慣引擎的聲音與振動。觀察狗狗的樣子，慢慢加長坐車的時間；大約一～二星期後，狗狗應該就會習慣了。

接下來，有時開車帶牠去附近公園等狗狗喜歡的地方玩耍，讓牠的下意識認定：一坐車就會有愉快的事情發生。

利用攜帶型提籃時

剛開始把提籃放在比較不會晃動的前座，扣上安全帶，下面鋪個毛巾加以固定。

如果要放在後座，還是要扣上安全帶加以固定。

只留狗狗在車上時……

非不得已一定要把狗狗留在車上時，記得把車子開到陰涼地點，開一些窗戶保持通風。但像炎熱的夏季，只要一下子車內的溫度就會急速上升，可能讓愛犬中暑。所以，最好不要單獨把狗狗留在車上。

若坐在膝蓋上要確實抱穩

如果不使用攜帶型提籃，要確認狗狗不會在車子裡跑來跑去。因爲吉娃娃體型很小，一個緊急剎車就有可能讓牠飛出去；所以，可讓牠坐在後座者的膝蓋上，緊緊地抱著牠。萬一只有司機一個人，還是要把牠裝進攜帶型提籃，或利用小型犬專用座椅比較安全。

剛開始和狗狗在未啓動引擎的車子裡玩，讓牠習慣車內的氣氛；然後如前所述，先坐個五分鐘再慢慢加長坐車時間。

此外，在開關車門時要特別留意，最好養成先抱穩狗狗再開車門的習慣。

不用攜帶型提籃時

剛開始和狗狗在靜止的車中玩耍、餵點心吃，製造快樂的氣氛。

將狗狗抱在膝蓋上，坐在後座，牽繩還是要繫上。

防止狗狗暈車

狗狗很容易暈車，飼主開車時應保持平穩前進。若長時間的車程，每隔 1～2 小時休息一下，並隨時保持車內空氣流通。出發前或行進途中避免餵食，可以的話，先讓牠服用暈車藥。如狗狗頻頻打哈欠或流口水，都是暈車的前兆，趕緊停車休息。

車內安全隔離網增加安全性

如果車窗呈開啟狀態，擔心狗狗的頭伸出車外或跳出去的話，利用這種安全隔離網，就不必擔心狗狗發生意外了。

狗狗專用的車內安全隔離網

第4章

第一次讓狗狗獨自看家

讓吉娃娃可以安靜地自己看家

先從短時間開始讓牠習慣看家

不論是平常每個人都很忙經常不在的家庭，或者是一般的家庭，總是有全家外出必須讓狗狗獨自看家的時候。不過，大部分的狗狗都討厭看家。正常的狗狗一旦被關在裡面，大概都是認命地一直睡到主人回家；可是不習慣自己一個人，覺得不安或害怕的狗狗，會因爲感到有壓力，而在家裡搗蛋或亂咬東西。再者，還可能因爲寂寞不斷地狂叫，讓鄰居深感困擾。

爲了讓狗狗習慣安靜地看家，要讓牠覺得自己看家是很平常的事。而且更重要的是，不管出門多久一定要回家，這樣狗狗才會感到心安。所以，先從幾秒、幾分鐘的短時間外出，讓牠練習看家。出門時打個招呼，不要引起牠的不安感；回家時也

基本上吉娃娃的獨立性很強，獨自看家應該不會覺得很辛苦。

◆讓狗狗看家的注意事項◆

出門時打個招呼，不要引起牠的不安感；讓牠覺得你出門很正常，再若無其事地出去。

回家後若看到零亂的屋子或大小便，要裝作若無其事的樣子；如果罵牠就落入狗狗想引人注意的圈套了。

先整理房子再出門；不想讓狗狗咬的東西，先噴上專用的噴劑。

不要和牠一樣過度興奮，儘量淡化這個過程。萬一牠高興地狂吠，不要罵牠或掃牠的興，裝作沒事直到牠自己冷靜下來。

打開空調維持舒適的室溫

回家若看到零亂的屋子或大小便，千萬不要大驚小怪地指責牠；一旦發現這樣會引起主人的注意，牠下次還會出現類似的行爲。

外出前將房間收拾乾淨，幫狗狗準備一些喜歡的玩具，都可預防狗狗到處作怪；如果還不放心，把牠關進狗屋也是個好辦法。狗狗待在狹窄空間比較能讓心情平靜下來；如果關在較寬敞的狗籠裡，只要加上便器，即使長時間外出也不必擔心如廁的問題。

再者，因吉娃娃怕熱也怕冷，外出時記得打開空調，設定在舒適的室溫；冬天的話，可幫牠穿一件衣服。

依賴性越強的狗狗，越排斥自己看家。平常若是太寵愛狗狗，會讓牠產生強烈的依賴性，引起過多的壓力。

◆讓狗狗獨自看家時舒服些……◆

準備一些牠喜歡的玩具，多少可以紓解牠的壓力。

注意室內空調的溫度，讓牠覺得很舒適；冬天時可以加一件衣服。

第4章

從狗狗小的時候就要改掉牠的壞習慣

壞習慣的預防比矯正更重要

狗狗出現問題行為時，要先找出原因，再想方法解決。

找出原因和盡快解決的方法

狗狗出現行爲問題（壞習慣）時，一定有其理由；若不找出原因就隨便指責的話，只會讓情況變得更糟。所以，碰上問題先不要不分青紅皂白地罵牠，找出引發這種行爲的背後因素，再想辦法解決。而且，矯正時一定要確實掌握狗狗的習性或個性，才能找到適當的方法。

狗狗出現問題行爲的大部分原因，都與幼犬期飼主的對待方式有關。例如，飼主過度溺愛狗狗，主從關係顚倒變得不聽話；或者是做錯事也不罵牠，長期下來牠會自以爲是。爲了不讓狗狗變成一隻問題成犬，從幼犬期就要對牠賞罰分明，教牠分辨可以做與不可以做的事。

此外，壓力也是引發問題行爲的原因。當狗狗出現問題行爲時，有必要重新檢討是否運動量不足或溝通不夠。

以下就是狗狗經常發生的問題行爲：

1 對著過往行人或狗狗亂吠

狗狗對著經過的行人或犬隻亂叫，乃固守自己地盤的行為。

對狗狗來說，自己生活的家或庭院就是自己的地盤，所以，經過屋外的人或犬隻就被視爲「外敵」。對著他們叫，是爲了威嚇對方不要入侵自己的地盤，同時提醒家人保持戒心。

「不可以亂叫！」如果大聲一喝牠還是繼續叫的話，可用裝了硬幣或豆子的空罐丟向狗狗身邊，利用巨大聲響讓牠安靜下來。千萬不要爲了讓牠安靜而大聲喊叫，否則狗狗會誤以爲你在幫牠加油打氣，反而製造反效果。

窗戶上鎖防止狗狗任意開啟，給牠一個安靜的睡眠空間。

把裝了硬幣或豆子的空罐丟向狗狗身邊，嚇阻牠繼續亂叫。

2 玩耍時隨便咬主人的手

幼犬有時會故意含住主人的手咬著，若不禁止，牠會養成咬人的壞習慣。

對幼犬來說，稍微含住主人的手咬著，就像一種遊戲或鬧劇。尤其像吉娃娃這麼嬌小的狗狗，稍微咬著也不覺得痛。但是，如默許這種行爲，最後牠可能變成喜歡咬人的問題犬。因此，從幼犬期就要禁止這種胡鬧的行爲。

　萬一被狗狗咬了，要當場斥責牠；如果是幼犬，可用手抓住牠的嘴，再用手指彈一下牠的鼻子，當作警告。如果牠還是繼續咬人，就應中斷遊戲。

狗狗咬人的話，馬上斥責牠：「不可以！」如果牠很聽話不咬了，再讚美牠。

萬一牠又咬人，馬上中斷遊戲，讓牠知道亂咬人是不對的行為。

3 消除牠的反抗態度

一不如己意就亂咬亂叫，是過度溺愛的結果。

狗狗習慣在群體中加上排位順序。如果是自己信賴的對手，牠會將他擺在上位十分服從；反之，若無法信賴對方，就不會服從對方。平日如果過於溺愛狗狗，牠會反客爲主以爲自己才是老大，進而出現一些亂叫亂咬的反抗態度。只要飼主改變平日的對待方式，牠犯錯要責罵，隨時取得主導地位，即可解決這個問題。

凡事取得主導地位，讓狗狗明白飼主才有決定權。

在關心狗狗之餘，如果牠犯錯也要好好斥責牠；關心與溺愛是不同的。

4 吃自己的排泄物

很多狗狗都會吃自己的便便，這絕不是一個好習慣。

原則上狗狗一便便，就要馬上清理乾淨；如果牠想去吃它，要立刻制止這種行爲。像營養不良、營養過剩或便便有狗糧的氣味，都是引發這種行爲的原因，飼主應該重新檢討飲食的內容。

狗狗的排泄物要即時清理，以免狗狗自己把它吃掉了。

5 散步時亂吠其他的狗狗

當場把牠抱起來讓牠不再亂叫

好勝心強的狗狗爲了顯示自己的能力，或者是個性膽怯的狗狗因爲恐懼的心態，都會對其他犬隻亂叫。

像吉娃娃這種小型犬，只要把牠抱起來，牠就不會再叫了。但是，如果狗狗很好勝，會仗著主人增加自己的優越感，助長愛亂叫的壞毛病。所以，在外面遇上其他狗狗時，可將牽繩拉短一些，如果是膽小的狗狗，要輕聲安撫牠：「沒事！不要緊張！」如果是好勝心強的狗狗，在牠想吠其他狗狗之前，讓牠坐下或等一下安靜下來；還想叫的話，扯一下牽繩給予告誡。

一發現狗狗想叫時，立刻扯一下牽繩禁止牠：「不可以亂叫！」。

狗狗太興奮的話，先讓牠坐著等一下，使心情冷靜下來。

6 喜歡舔自己的腳

運動不足造成的壓力，或環境改變後情緒不穩都是原因。

當運動量不足囤積壓力，或與家人的親密互動急遽減少，狗狗都會出現舔腳的異常行爲。這時幫牠放鬆心情即可改善這個現象。不過，有些比較神經質的狗狗，也會有此行爲；這時只好出聲禁止牠這樣做。

噴上具有苦味的噴霧劑，牠就不會舔腳了，這對身體無害。

我家的小寶貝最讚！
超可愛的吉娃娃大集合

以下要介紹給讀者們的吉娃娃，
個個都是漂亮的美眉和帥哥喔！

●未夢
♀
4個月

松本陽子（大阪府）
只有4個月大的未夢，還像是個靜不下來的野丫頭；教養上雖然辛苦，但我相信牠很快就學會「坐下」囉！

●小聖
♂
2歲8個月

石田清美（東京都）
小聖生性害羞，對散步一點都不感興趣；現在我正努力幫牠找個新娘子呢！

●和平
♀
1歲3個月

塚越彌生（群馬縣）
這是活潑好動的和平，和牠最愛的貓熊玩具一起玩耍的樣子；牠雖然只有 1.5 公斤，食量卻很大喔！

●布丁
♀
7個月

吉澤直美（琦玉縣）
我家的調皮女娃小布丁，真是一刻也靜不下來；令人驚訝的是，牠學「坐下」、「等一下」可是一下子就會了呢！

●恰比
♀
1歲3個月

村田貴世（岐阜縣）
我家的恰比是不是很可愛呢！記得牠剛來時，沒有食慾無精打采，讓我們好擔心；現在牠可是一隻愛撒嬌的狗狗呢！

村上節子（神奈川縣）
很喜歡在家裡的草坪上玩耍的安娜，是我家的寶貝喔！

根本順子（東京都）
嬌小的牛奶竟然可以平安生下 6 隻可愛的幼犬，希望這些幼犬健健康康地長大。

田中正壽（新潟縣）
這是我的瑪麗蓮，生性溫馴，極受附近鄰居的寵愛。

西村典子（東京都）
小桃子是我家的小寶貝，大家都很喜歡牠；這張照片拍於聖誕節，牠的表情似乎有點睡意呢！

太田秀子（靜岡縣）
一看到相機就擺出漂亮姿態的小花，很自戀喔！希望能和牠永遠成為好夥伴！

column 4

飼養吉娃娃的建議

File 2

一帶出去散步就吸引許多目光的超人氣狗狗！

神奈川縣　中里美枝

「這是主人幫我穿的衣服……
怎樣，很美吧！」

「拿個玩具當枕頭……真是舒服啊！」

「這是我的小寶貝……
夠可愛了吧！」

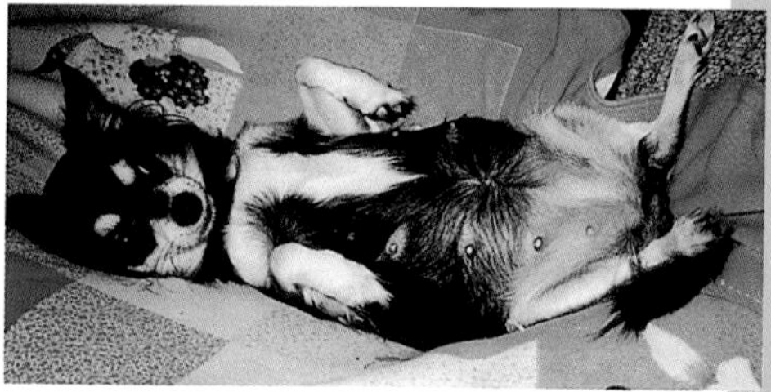

「這個睡姿如何？
似乎有些不太雅觀啊！」

我家的小天(母狗)

1歲9個月大

因為家裡的空間有限，以可以飼養狗狗的二樓來說，能在這裡自由活動的吉娃娃最適合。天氣好的話，還能讓牠在陽台做做日光浴。吉娃娃很怕冷，平常要注意保暖，出門散步時可幫牠加件衣服。我家的小天在十一月十八日生了五隻小狗；這些幼犬好小，只有倉鼠的1.5倍大十分可愛。吉娃娃很會撒嬌，主人要多多關心牠；但也因為牠很聰明，飼主若不取得主導地位，牠可是會得意忘形呢！一旦犯錯，一定要嚴加斥責，讓牠分辨對與錯。

第5章

輕輕鬆鬆在家打理吉娃娃的方法

第5章

換毛的時期要仔細刷毛

不管長毛或短毛，每天刷毛可保健康與美麗喔！

常掉毛的吉娃娃應每天刷毛

平日幫狗狗打理門面，是維持健康的基本原則。而照顧狗狗的基本方法——刷毛，不僅可整理出漂亮的外表，還能去除身上的污垢、灰塵、老舊的毛髮或蚤類等寄生蟲。除此之外，刷毛還可以刺激皮膚，促進血液循環，加速新陳代謝。尤其像吉娃娃這種常掉毛的犬種，應該每天都幫牠刷毛。

像長毛和短毛種因爲毛長或毛質都有差異，適合的理毛用具也有所不同。剛開始的時候先讓狗狗坐在膝蓋上，輕聲對牠說說話，讓牠習慣被人刷毛。然後一邊刷毛，一邊用手撥開毛確認有無蚤類、壁蝨或皮膚異常的情形。

再者，於大量掉毛的換毛期，更是要仔細從臀部反方向梳到頭部，清除舊毛。

像短毛種的話，可將手打溼代替刷子刷毛，去除舊毛。

毛刷的種類

木柄梳

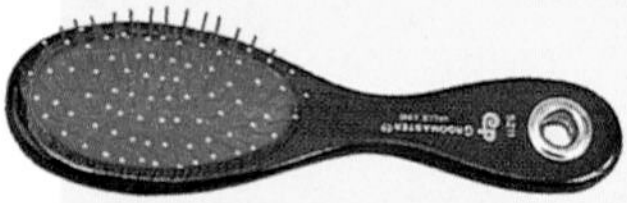

中、長毛種適用；不論大小或針齒的長度都有各種選擇。

針齒梳

便於梳開長毛種打結或老舊的毛球，有大小尺寸可供選擇。

雙齒梳

金屬製品，適合用來整理長毛種的體毛。

去蚤梳

清除跳蚤專用的梳子，也適合短毛種或幼犬使用。

獸毛刷・橡膠刷

短毛種專用刷，兩面式設計十分方便。

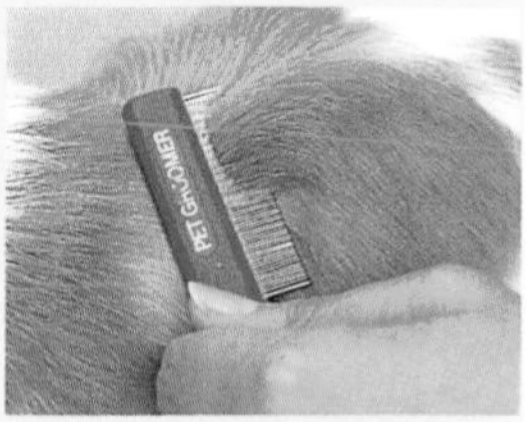

將刮出跳蚤的去蚤梳放入清潔液裡，跳蚤就會死掉。

長毛種的刷毛法

體毛長且柔軟的長毛種，先用木柄梳或針齒梳刷過全身，再以梳子整理修飾；小心針齒梳別傷了狗狗的皮膚。

1

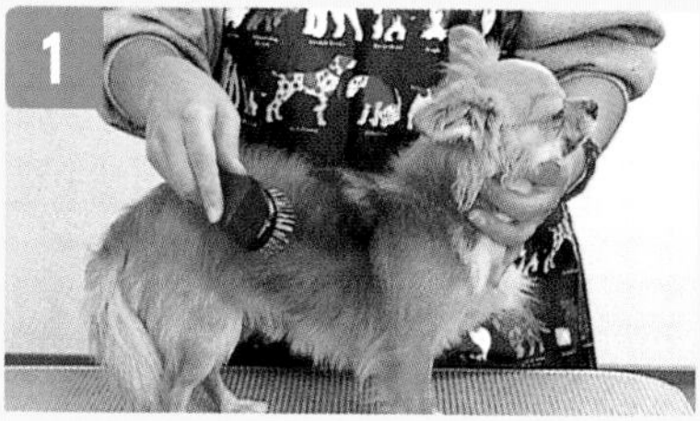

順著體毛生長方向，從脖子刷向臀部。利用手腕的力道，讓刷子與皮膚保持平行。

2

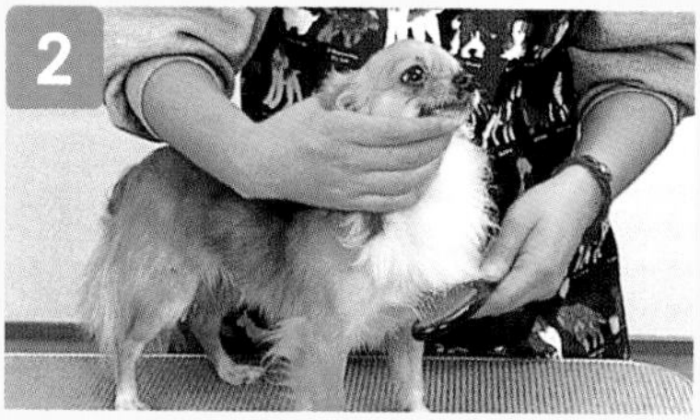

脖子一帶的毛很多，要小心梳理；胸部的話，反方向把毛梳開。

3

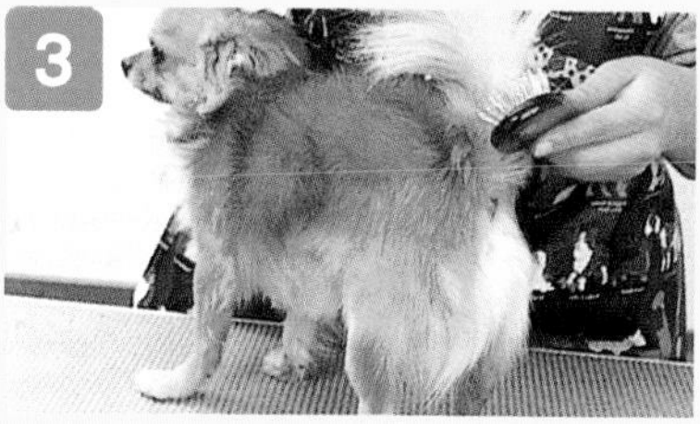

小心梳理尾巴，清除毛球，別傷了肛門。

4

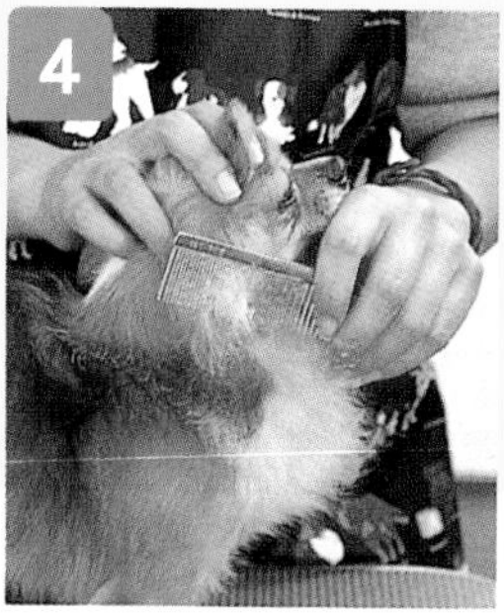

最後用梳子整理全身的毛；像耳朵或臉蛋四周用梳子比較安全。

短毛種的刷毛法

短且硬的體毛叢生的短毛種，適合使用獸毛刷、橡膠刷或去蚤梳。

1

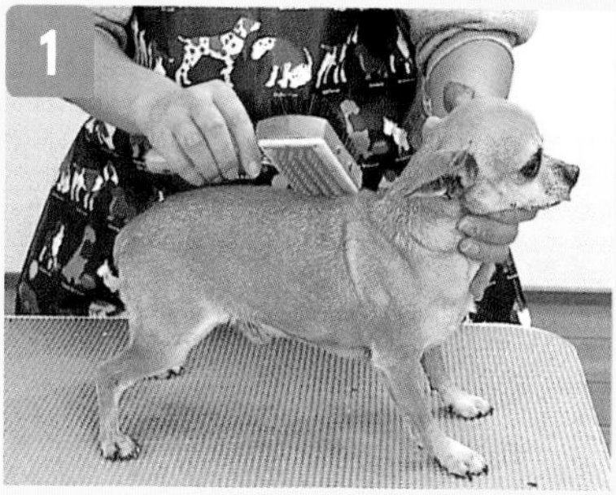

順著體毛生長方向，從脖子輕輕地刷到臀部，去除表面或毛裡的污垢。

2

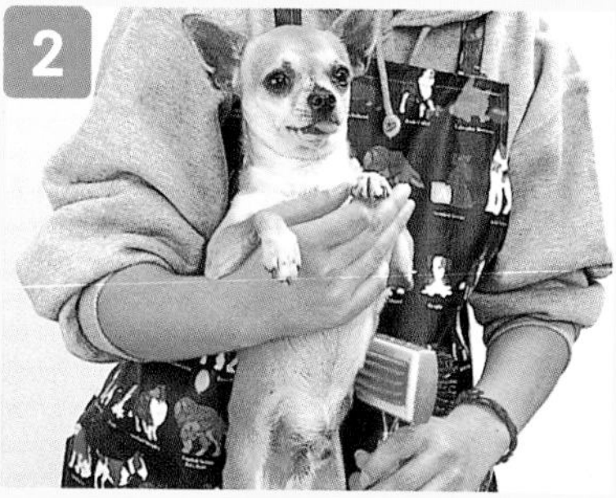

繼續從胸部刷到腹部；單手抓牠的前腳讓牠站著或仰躺著，比較好整理。

3

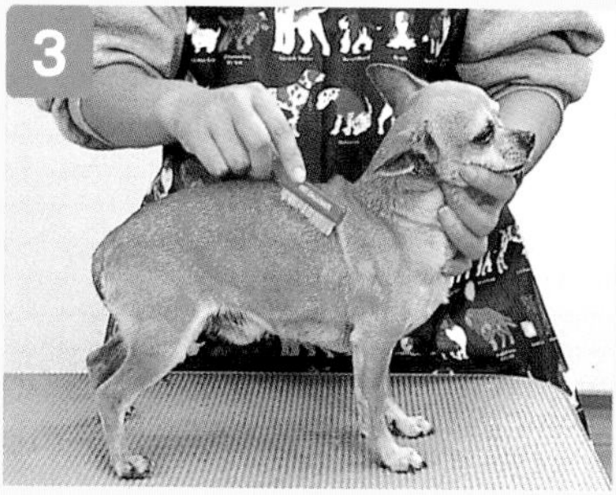

用去蚤梳整理耳根或肛門附近的體毛，再用溼毛巾擦臉。

第5章

耳・眼・齒・爪的照顧

身體各部位要定期照顧與保養，避免狗狗生病或受傷。

耳 每個月清除耳垢1～2次

耳內的積垢若不定期清除，易成爲惡臭的來源或引起發炎；像耳朵上的裝飾毛，也容易有耳垢要記得清理。像吉娃娃這類透氣性佳的立耳，一個月一～二次，用沾溼的棉花棒沾一點潔耳劑，輕輕擦拭污垢即可。

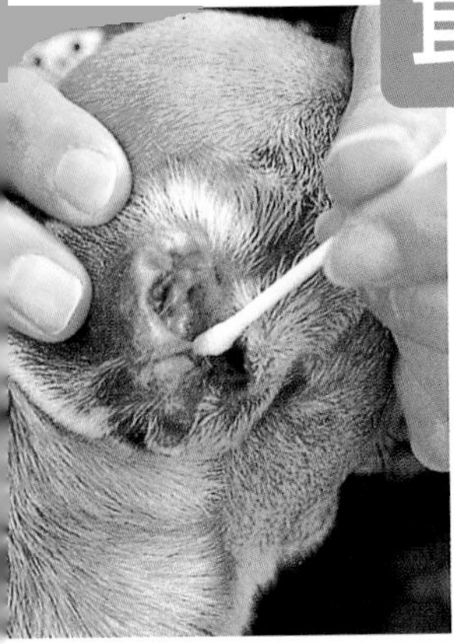

用棉花棒小心清理耳朵內的污垢。

眼 注意眼睛有無異常

用棉花擦掉眼屎，如發現眼屎的顏色或眼睛異常，立即找獸醫檢查。

再者，灰塵或污垢容易跑進吉娃娃的大眼睛裡，如在風大的日子帶出去散步，回家後可用生理食鹽水點一下眼睛，清除污垢。

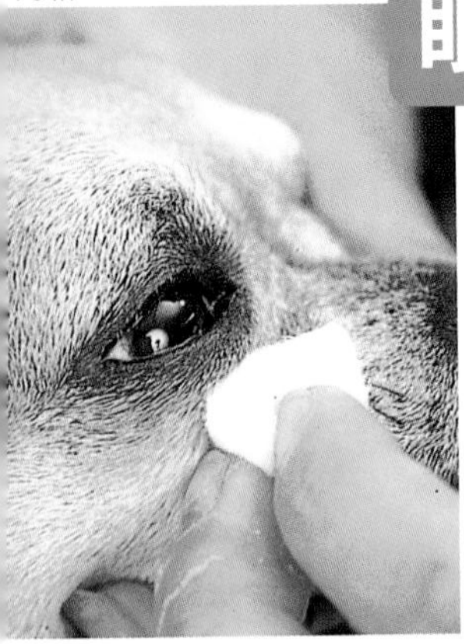

用棉花擦眼屎。眼屎太乾的話，棉花沾水比較好擦。

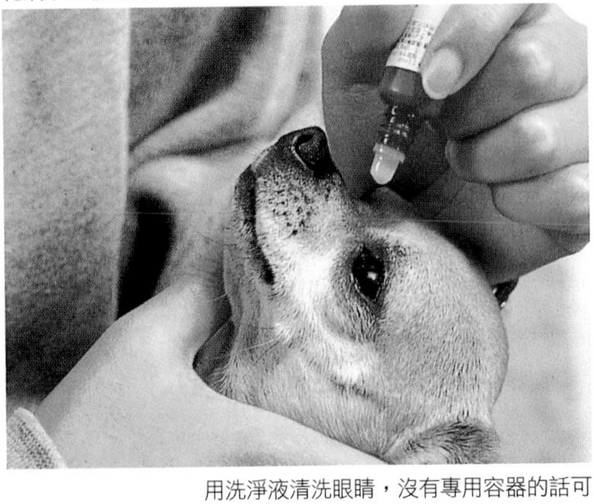

用洗淨液清洗眼睛，沒有專用容器的話可用滴管。

防止「淚痕」的產生

狗狗因睫毛倒插或淚管異常的流淚症，流出太多眼淚後，眼睛下面的毛會變成茶褐色，就成了「淚痕」。尤其是白色系的狗狗，毛色一旦改變會相當明顯，看起來不太雅觀；且變色後就很難復原。平常要用水或硼酸水擦拭眼眶一帶防止產生「淚痕」。

容易積牙垢 要每天刷牙

刷牙可有效預防牙周病或牙結石。尤其像吉娃娃這種容易積牙垢的犬種，每餐吃完要用紗布幫牠刷牙；如有牙垢，可用鉗子刮掉。如果做不來，可找獸醫幫忙。平常多讓狗狗咀嚼堅硬的食品，也是預防方法之一。

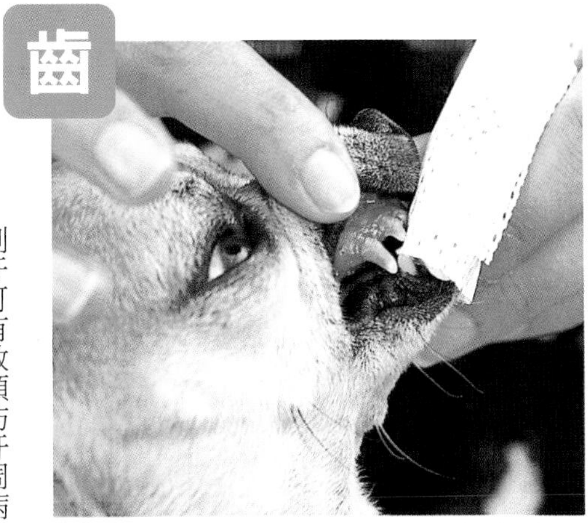

利用市面上的紙製牙刷或紗布刷牙齒表面或內側。

定期修剪過長的指甲

如聽到狗狗的指甲在地板磨出聲音，表示指甲太長應該修剪，以免妨礙狗狗的行走。

狗狗的指甲有血管與神經分布，剪太多會痛還會流血；應該等洗過澡，指甲變軟一些再剪。

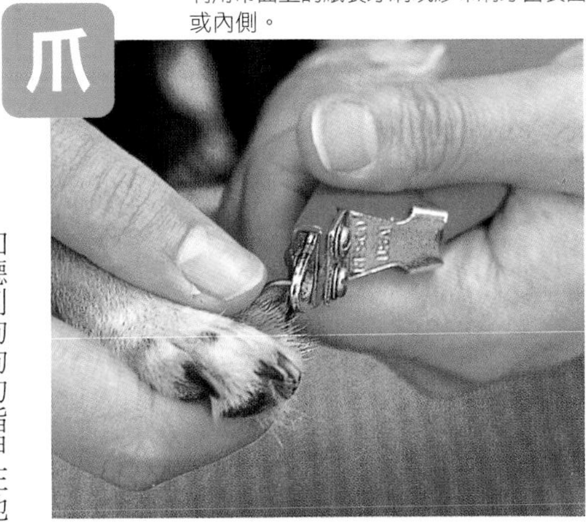

單手抓住腳尖，刀刃與指甲成垂直。

◆指甲的構造與正確的剪法◆

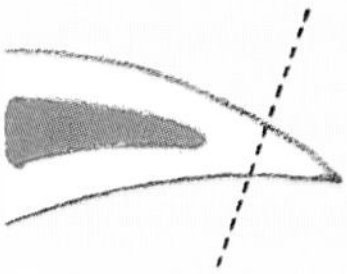

透明的指甲
剪掉看得見透明血管前面的粉紅色部分，用銼刀修飾一下。

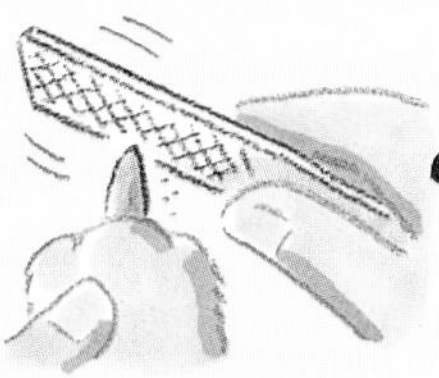

黑色的指甲
剪掉尖銳的前端後，用銼刀依一定方向慢慢修飾，直到看得見指甲裡面的白色組織。

犬用指甲剪
把指甲放入鍘刀式犬用指甲剪的洞洞裡，即可輕鬆剪掉指甲。

指甲的構造
狗狗的指甲也有血管和神經，萬一剪太多流血時，用手指壓著傷口或塗上止血劑即可止血。

第5章

足・鬚・肛門的照顧

這些部位比較精細，要小心修剪不要傷了狗狗。

定期修剪腳底或肛門附近的雜毛

吉娃娃不需要花很多時間美容，但是長毛種的話，需定期修剪腳底或肛門附近的雜毛以保持清潔。此外，還可以修剪牠的鬍鬚保有清爽的外表，不過不剪這裡也無妨。

修剪體毛時，如果沒有專用的修剪台，找個穩固高度適中的桌子讓狗狗站上去也可以。當狗狗站在上面時，記得隨時用手壓著牠的身體，防止牠自己跳下來或剪的時候動來動去。如果牠感到害怕，可輕聲安撫牠的情緒說：「不要怕！很快就好了！」

修剪腳底的毛

腳底的毛如果太長，散步時容易卡髒東西，也會增加狗狗滑跤的機會。

而且狗狗的腳底很會流汗，更應該修剪多餘雜毛保持乾爽。

所以，不管是腳尖或後腳的雜毛一定要定期修剪，維持漂亮的外型。

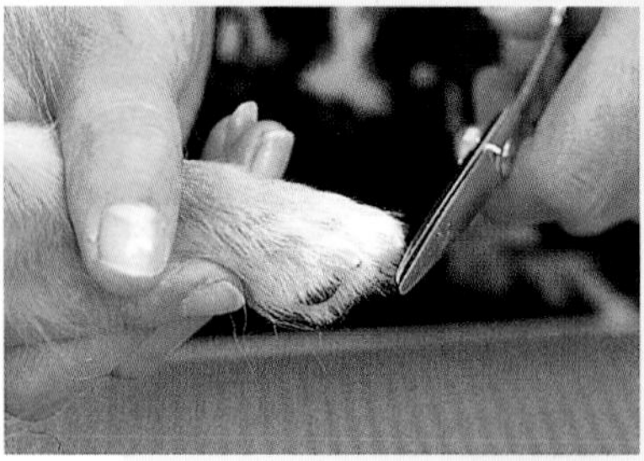

腳尖稀疏的雜毛也要修剪乾淨。

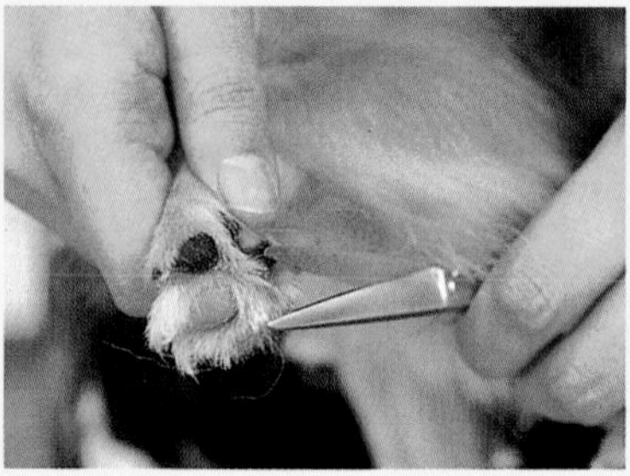

單手抓起狗狗的後腳往後，仔細修剪腳掌肉墊中的雜毛。

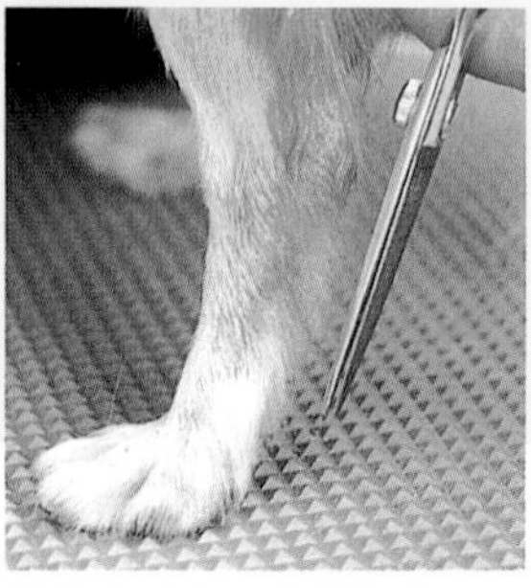

先用梳子把毛倒梳後再剪，注意造型不要剪太多。

修剪肛門附近的毛

肛門附近的毛剪短一些，可避免狗毛沾上便便。修剪時一手抓起尾巴，剪刀與身體平行不要傷到皮膚。用完的剪刀以酒精擦拭比較衛生。

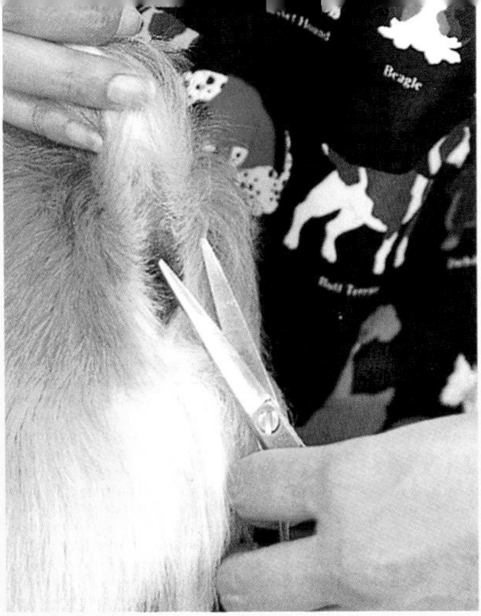

尾巴舉高，修剪肛門四周的毛，小心刀刃別傷了皮膚。

修剪鬍鬚

狗狗的嘴巴、下顎或眉頭都會長鬍鬚，可一根一根剪到根部，刀刃要避開眼睛。

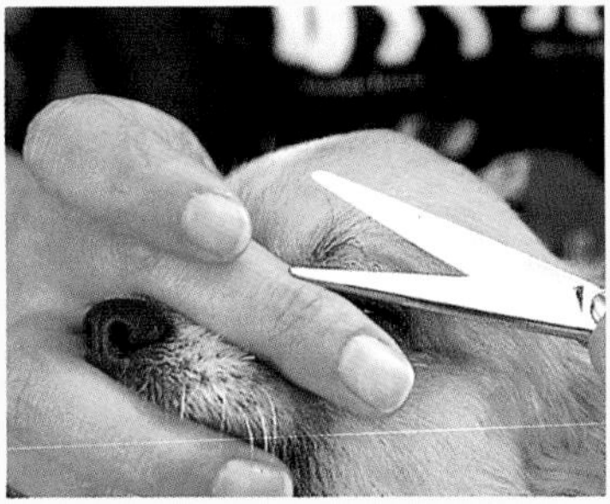
修剪時手要抓緊，刀刃要避開眼睛。

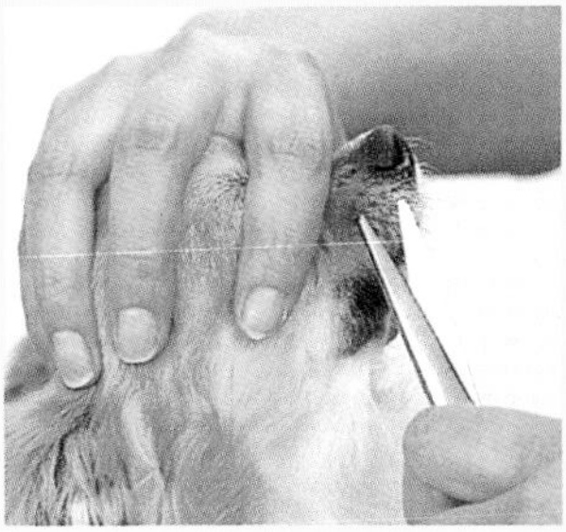
一手抓著狗狗下顎，將刀刃貼近臉部修剪鬍鬚。

剪刀的用法

狗狗美容專用的剪刀比較好修剪，並留意正確的用法。

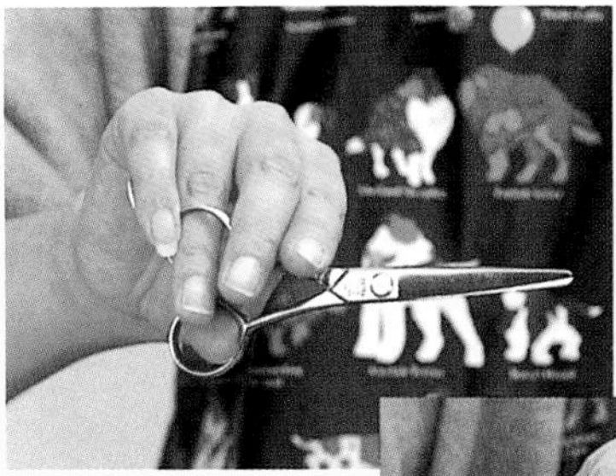
剪刀正確的拿法，用拇指和無名指扣著。

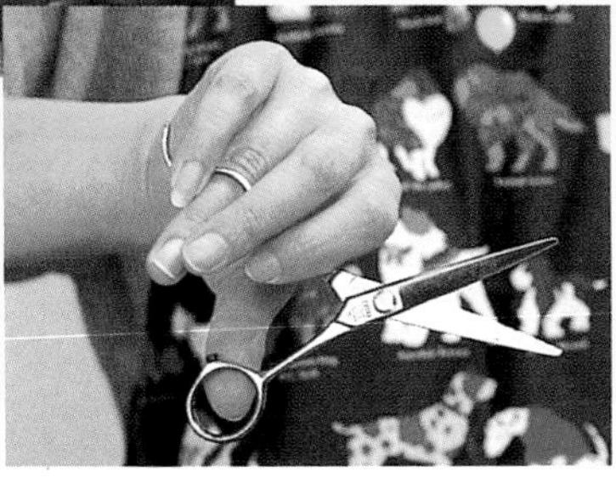
移動拇指那邊的刀刃修剪體毛。

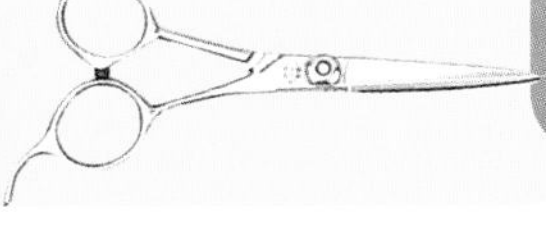

沐浴的方法

省時又省力的洗澡方法

狗狗洗澡用的物品

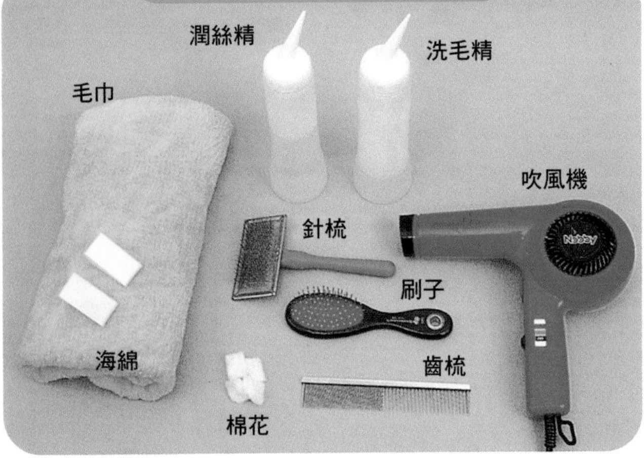

體味少的吉娃娃每個月洗一～二次

定期幫狗狗洗澡，不僅可經由刷毛去除身上的灰塵，還能清除附著在皮膚上的老舊污垢。吉娃娃因爲體味少，每個月洗個一～二次就夠了；洗太多的話，反而會讓體毛失去光澤。

再者，若狗狗身體狀況不佳、母狗於發情期或產前產後、幼犬剛注射過疫苗，或皮膚、眼睛有異狀時，暫時先不要洗澡。

沐浴前先將必要的物品備齊，再仔細刷過體毛，幫狗狗的耳朵塞進棉花。洗澡的動作要快，以免狗狗著涼。

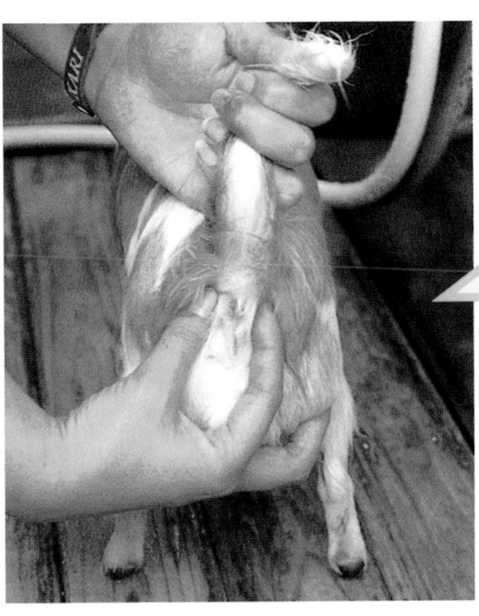

用拇指和食指對準肛門左右下方壓下去，可擠出茶褐色的肛門腺液。

1

肛門腺

從肛門腺分泌之具有惡臭的腺液，可以裝在肛門左右兩側的肛門囊內。這些腺液要定期擠出，以免肛門腺阻塞引起發炎。

2 用蓮蓬頭從後腳開始打溼身體，出水量不要過大，水溫設定在 37℃ 前後。

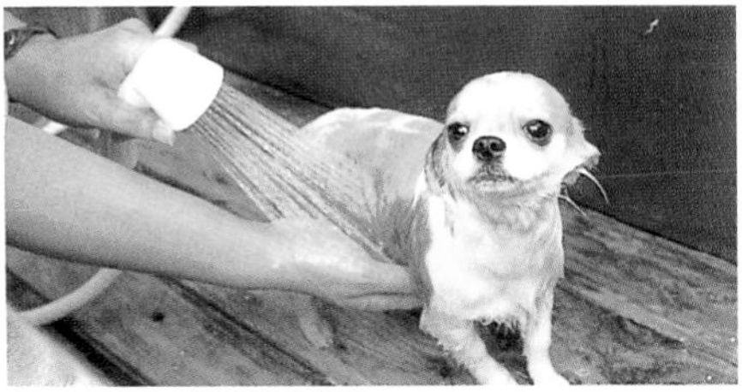

3 裡層的毛也要打溼；頭和臉用海綿打溼，以免耳朵、眼睛或鼻子進水引起不適感。

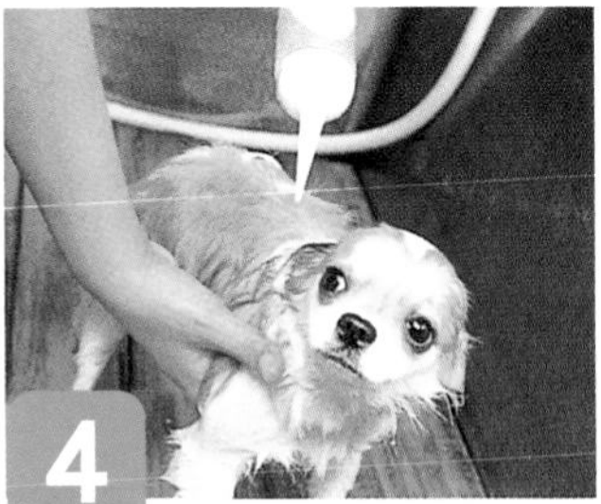

4 先將洗毛精稀釋後，再淋於狗狗身上。

5 充分搓出泡泡再洗身體；利用指腹輕輕搓牠的毛。

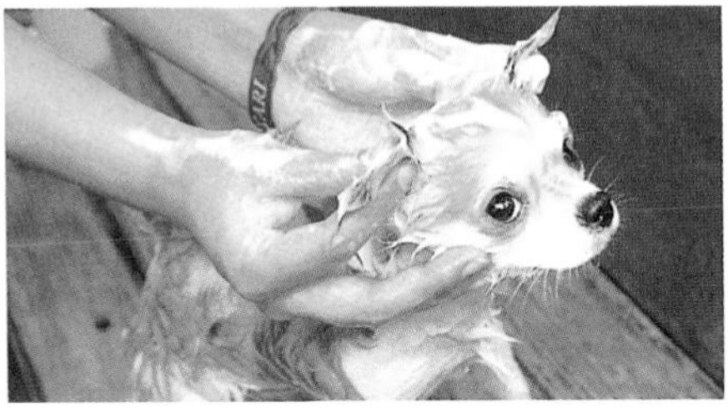

6 耳朵內側也要輕輕搓，但不要沖洗。

7 趾縫間也要清洗。

◆第一次沐浴◆

狗狗完成疫苗注射的一星期後，是第一次幫牠洗澡的恰當時機。蓮蓬頭的出水量或吹風機的音量要小一些，避免嚇到狗狗，並迅速完成洗澡一事，牠才不會太累，溫和少刺激的幼犬專用洗毛精最好。

吹風機開微風，從臀部先吹。

單手托住幼犬的腹部，從臀部開始打溼。

8 腳掌肉墊中的毛特別髒，要洗乾淨。

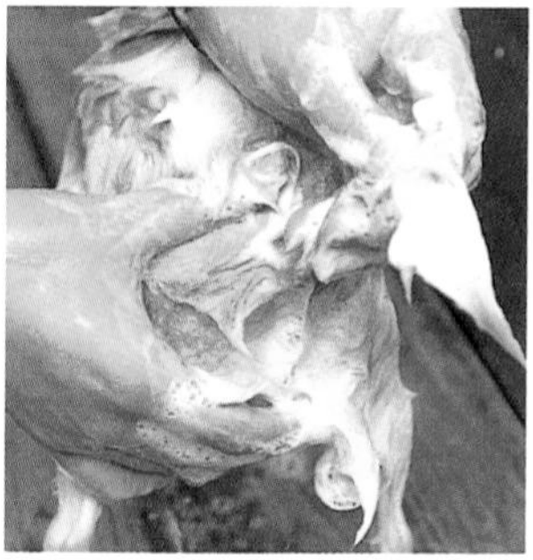

9 長毛種的尾巴要確實搓洗乾淨。

10 最後用指尖沾點身體殘留的泡泡，搓洗眼睛或嘴巴四周。萬一泡泡跑進眼睛或嘴裡，馬上用水沖乾淨。

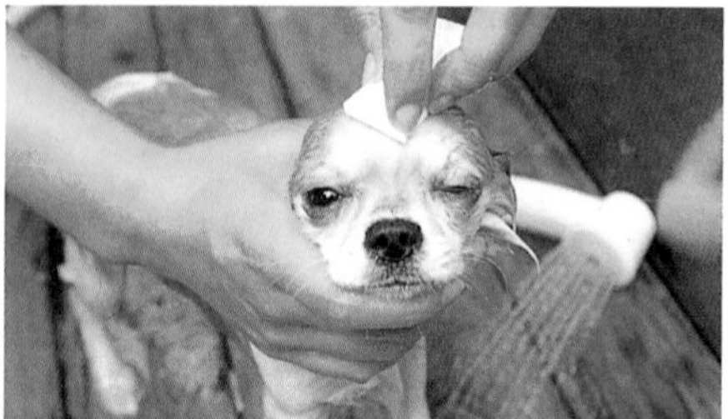

11 用海綿從臉開始沖乾淨，眼睛裡面也要沖喔！

12 一手摀著雙耳，防止耳朵進水。

13 仔細沖洗身體，注意腳的內側或臀部。

14 沖完之後，倒上稀釋的潤絲精，輕輕搓揉。

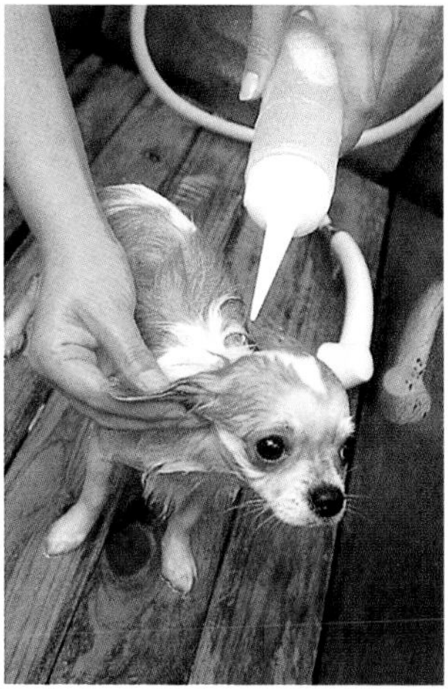

15 頭部利用海綿輕搓，臉的部分不必潤絲。

16 沖掉潤絲精。沖完後將體毛擰乾（長毛種）。

17 讓狗狗自己甩掉身上的水氣。

18 用毛巾輕輕拍打似地擦乾身體，耳朵裡面也要擦，別忘了取出塞在耳朵裡的棉花。

19 邊梳毛邊吹風，不論長短毛，裡層毛都要吹乾，吹風機不要離狗狗太近。

20 充分吹乾後再仔細梳整齊。

完成的樣子

column 5

飼養吉娃娃的建議

File 3

我家（理髮店）的小桃子是很受歡迎的招牌犬呢！

東京都　西村典子

「這是我在理髮店的專屬座位，
羨慕吧！」

「穿上這件美麗的衣服……
實在迷人啊！」

「咦……這是我 2 個月的模樣！
超可愛吧！」

「天氣好冷，還是鑽到被窩裡舒服！」

我家的小桃子(母狗)

3 歲 6 個月大

吉娃娃真的是聰明又好照顧的狗狗。因為體型很嬌小，我家的小桃子至今還被當作寶寶看待，而且超會撒嬌呢！光是讓牠在室內活動，牠的運動量就足夠；而且我每天還和牠玩20分鐘的撿球遊戲。吉娃娃的眼睛接觸空氣會流淚，要小心擦拭以防形成「淚痕」或散發惡臭。貪嘴的牠對人類的食物充滿興趣，注意別讓牠吃太多，以免過胖增加腳的負擔。平日可常常對牠說話，聰明的吉娃娃也很善解人意呢！

第6章

想要讓狗狗生小狗的話……

第6章

1歲大以後是合適的生育期

飼主要充分了解狗狗的性徵週期與交配機制

若同時飼養好幾隻狗狗的話，即使是6個月大的幼犬，也不要讓牠接近發情的母狗。

身心充分成熟再考慮生育

和狗狗生活久了，許多人不免有想讓牠生小狗的念頭；這時，飼主對狗狗的性徵週期與交配機制一定要有充分的理解。

當母狗首次出現發情現象，乃其性徵趨於成熟的指標。吉娃娃的發情期依個體而有差異，但一般都在出生六～八個月大首次出現，此後每六個月爲一次發情週期。雖說吉娃娃在六～八個月大就有發情徵兆，但這時的骨骼發育不完全，心理層面也不夠成熟，應該等牠第三次發情之後再讓牠交配。至於公狗方面，出生六～八個月大即具備生育能力；但不同於母狗的是，牠沒有明顯的發情期，卻一整年都處於可以交配的「備戰」狀態。只要牠受到體味刺激接近發情中的母狗，即可引發牠的交配慾望；所以，家裡若同時養公狗和母狗的話，要特別注意第一次的發情期。

日本有一個發行血統證明書的團體，爲了確保身心夠成熟的狗狗才能交配，以生出健康的幼犬，規定不管是公狗和母狗若不超過九個月大就交配，將不發給血統證明書。對狗狗來說，即使面對的是自己的雙親、兄弟或後代，只要有機會牠們就會馬上交配——這也是家裡養好幾隻狗狗的人要格外小心的事。

如何度過發情期？

有些狗狗在發情期出血情況並不明顯，但若擔心出血量多弄髒家裡的話，可利用狗狗專用的生理褲。

狗狗適合生育的年齡大概到幾歲？

母狗適合生育的年齡依狗狗的健康狀態而有不同，只要養育管理妥當狗狗健康的話，8 歲大之前都可以生育。超過這個年齡，不僅受孕機率降低，幼犬也比較容易出現異常。

注意狗狗的健康狀態

對體型十分嬌小的吉娃娃來說，懷孕、生產、育兒……對母體都是相當大的負擔；所以，從幼犬期開始，就要特別留意狗狗的健康狀態，以後牠才能生出活潑健康的幼犬。

開始出血後的十～十三天為合適交配期

母狗進入發情階段後，尿尿次數增加，外陰部充血腫脹，持續出現血性黏液三～四天後，才開始出血。在行爲方面，也變得比較愛嬉鬧或對其他犬隻感到興趣。

這種出血現象大約持續十天，結束後出現帶有微黃黏液的白帶，且顏色變淡。這個時期正是母狗的排卵日，即最容易受精的合適交配期。等出血現象停止後，母狗還會持續發情十二天左右。如果不清楚母狗確定的排卵日，可從開始出血那天往後等十～十三天，就是合適的交配期，或是帶至動物醫院做陰道抹片評估正確排卵日。母狗交配二十天之後，會失去食慾、輕微嘔吐，然後出現二～三天的孕吐等不適症狀。這時牠的肚子似乎鼓脹一些，乳房也變得比較大；等到五十天左右，還可以摸到幼犬的胎動呢！

吉娃娃的生育可採自然生產或剖腹產。

懷孕、生產、育兒……對母體都是相當的負擔；從幼犬期就要注意牠的身體健康。

第6章

花點心思尋找狗狗的最佳伴侶

交配的對象對後代子孫的健康有莫大的影響，一定要慎重選擇對象。

如同選購幼犬一樣親自確認交配對象

狗狗的毛色、種類或優缺點，不僅承襲自雙親，也受到數代前祖先犬的影響。像第四代或第五代祖先犬的部分毛色或特徵，出現在幼犬身上的例子也不少。所以，一定要慎選交配的對象。一般來說，交配是由母狗這邊提出要求，所以，在母狗發情期之前，飼主就要開始尋找最佳的配種對象。

交配對象的選擇方法就是，確認對方是否充分具備這個犬種的特質；可以參考牠有無血統證明書或參展的得獎資歷，選出具有優良遺傳因子，氣質絕佳的健康犬。即使對方的外表看起來多漂亮，只要有遺傳性疾病的可能性，都不適合列入考量。

再者，要考慮公狗與母狗的血統（系統）組合。也就是要選擇和母狗具有共同之優點，但沒有類似缺點的公狗，這樣才可以保留優點去除缺點。除此之外，習慣配種的公狗可以減少交配失敗的機率，讓外人對其遺傳因子有某一程度的了解，也是最佳的候選人呢！

盡量選擇住家附近的狗伴侶

如果朋友或附近鄰居沒有適合的交配對象，可以請信用良好的寵物店介紹，或由寵物雜誌或吉娃娃俱樂部尋找。

萬一要交配的公狗住在很遠的地方，飼主前一天就要帶著母狗前往，調整身體狀況靜候翌日的交配。結束後讓母狗再休息一天，再帶牠回家。這樣母狗才不會太累，可增加受孕的機會。如果可以的話，儘量選擇住家附近的公狗，以減少狗狗的身心負擔，凡事也比較好磋商。

用心幫狗狗找到最佳的狗伴侶。

幫狗狗尋覓對象的同時，也要著手準備交配事宜。

在交配日將身體調整在最佳狀態

決定交配對象後，雙方可就交配日期、次數、配種費用，或萬一失敗時該如何處理等事宜進行磋商。

交配當天先讓狗狗上廁所，母狗還要剃掉外陰部的毛方便交配。

交配時遵從公狗的飼主指示爲基本的禮貌。飼主在幫狗狗尋找交配對象的同時，就要備妥血統證明書或完成疫苗注射等，便於交配的進行。

■狗狗生產所需的費用

	內容	費用	備註
交配	交配費用（1次）	6千～2萬元左右	委託專業的繁殖者
	與認識的狗狗交配（酬金）	3千元左右或送一隻幼犬	
懷孕	動物醫院檢查費（第1次）	5百元左右	
	動物醫院檢查費（第2次）	2千元左右	超音波檢查、食慾、體力、乳腺等變化
生產	去動物醫院生產	1萬元左右	產後的護理
生產之後	晶片登記費	3百元	出生90天後登記
	疫苗注射（第1次）	8百元左右	出生55～60天
	疫苗注射（第2次）	1千8百元	出生90天左右
	疫苗注射（第3次）	1千8百元	出生後120天
	狂犬病疫苗注射	2百元	出生90天以上

收費標準依各家動物醫院而有不同。

◆如何尋找交配的對象？◆

1 從可以信賴的繁殖業者那裡找到適合的種犬。

2 請出售愛犬的店家或信用良好的寵物店介紹。

3 請熟識的獸醫幫忙留意適合的狗狗。

4 從寵物雜誌、朋友處或吉娃娃俱樂部尋找。

懷孕期間提供營養不發胖的食物

營養價值高好消化的食物，和適度的運動與親密接觸，都能幫狗狗的健康加分。

對母狗或胎兒都相當重要的時期

狗狗交配後三個星期受精卵著床，之後的四十天左右胎兒急速生長。所以，飼主在這段期間，要特別注意狗狗的營養管理與運動，避免激烈運動或不小心從椅子或樓梯摔下來。每天還是要規律的散步，以免運動量不足。若這時母狗的體力衰退，日後陣痛的現象會不明顯，生產時恐怕也使不出力。

等母狗懷孕五~六週情況比較穩定了，再幫牠洗澡；但不要把牠全身浸在浴缸裡或洗太久，洗或吹乾時都不能用力壓牠的肚子，腹部也不能受涼。

交配四週後作超音波產前檢查

有些母狗交配後二週~二十天左右，會出現分泌物或孕吐，喪失食慾；但大約三~五天即可恢復正常，不必強迫牠進食。反倒是爲了母狗或胎兒的營養考量，過度增加食量，使母狗體重暴增，胎兒過大的話，可能造成難產或需要剖腹，值得飼主特別留意。

到了懷孕末期，胎兒越來越大需要更多營養，要給母狗補充營養價值高好消化的食物。一天的份量可以增加一些，餵食次數比以前增加一次，不過還是不可以餵太多喔！等交配四週後可作超音波掃描，幫母狗產前檢查。

不要讓母狗吃太多，以免胎兒過大不好生。

懷孕時不要隨便服藥

懷孕中的母狗除非是得到獸醫允許的處方用藥，否則不要隨便服藥以免危害胎兒的健康。再者，顧及X光對母體的影響，交配1個月之後，到預產期前4～5天是比較適合照X光的時期。

接近預產期時，應找獸醫作產前檢查，確定緊急聯絡獸醫的方法。

◆生產所需的用品◆

接近預產期的時候，應儘早準備必要的物品。冬天生產的話，別忘了在產房加個電暖器。

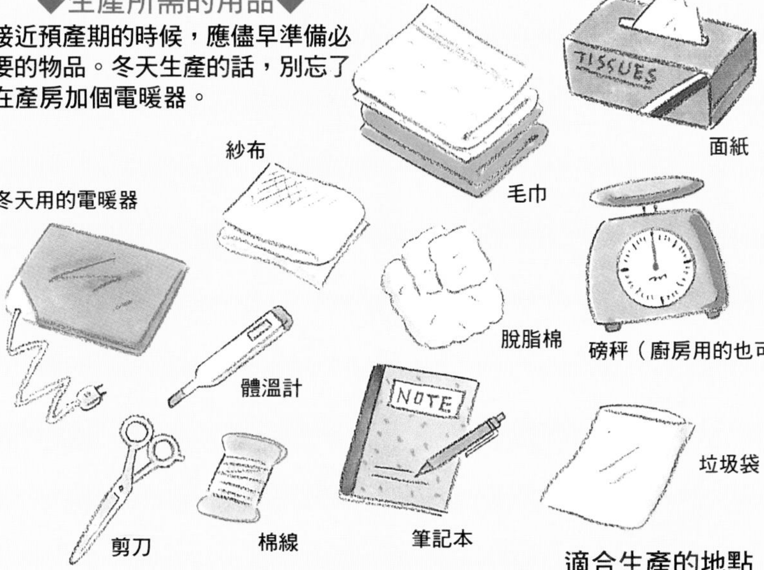

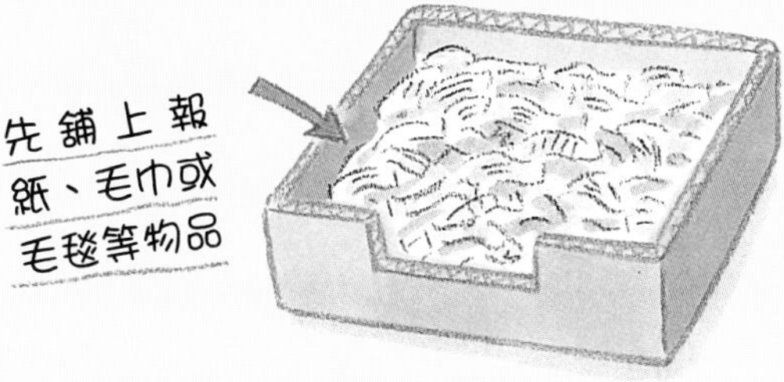

適合生產的地點：

- ●安靜微暗的地方，讓母狗可以穩定情緒好好生產。
- ●家人較少出入，又看得到母狗的地方。
- ●可以調節溫度通風良好的地方。
- ●同時養好幾隻狗狗的話，選其他犬隻不會靠近的地方。

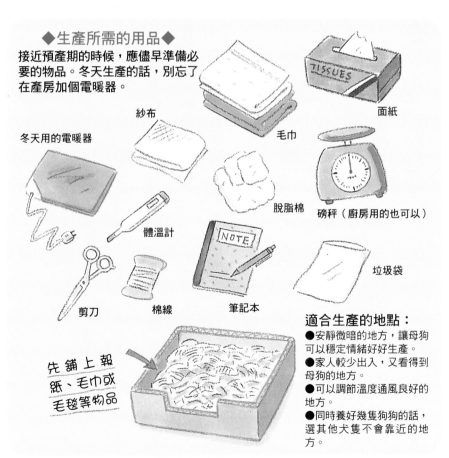

第6章

從陣痛到幼犬的誕生

開始陣痛後全部讓母狗處理，飼主靜待一旁守候即可。

情緒不穩出現築巢般的動作為生產的前兆

狗狗的平均體溫約為攝氏37～39.5℃；越接近預產期，體溫可降到37℃以下，然後再回升為原來的體溫。

從下降的體溫開始回升後，經過數小時母狗開始出現陣痛。越接近生產時刻，母狗的呼吸越急促，甚至張開嘴巴哈著氣。這時外陰部開始流出黏液，母狗頻頻舔舐。等陣痛變強烈，母狗的呼吸瞬間停止，腹部挺直用力。母狗以如同排便時的姿勢猛一使力，羊水破裂開始生產（有些母狗會直接躺著生而非站著生）。當被薄羊膜包著的幼犬出生後，母狗會咬破羊膜，不停地舔幼犬的臉或身體，促進牠呼吸；受到刺激的幼犬發出聲音，開始吸吮母奶。

母狗大約要花上三十分鐘～一小時才能生出第一隻幼犬，可想而知這對嬌小的吉娃娃是件多麼辛苦的事。所以，生完之後請讓牠和小狗好好地休息。過一陣子再帶牠出去散步，可以轉變心情，刺激乳腺的分泌呢！

小狗終於誕生了！

◆需要向獸醫求助的時機◆

生小狗的事可以讓母狗自己處理，出現以下狀況時再請獸醫幫忙。

1 陣痛已經過了好幾個小時，還生不出來。

2 生了一～二隻以後陣痛停止了。

3 幼犬卡在陰道口卻生不出來。

4 母狗首次生產或飼主感到不安時。

◆接生的方法◆

為防止意外發生，飼主要知道正確的接生方法。

1 搓破羊膜，倒吊著取出幼犬，摩擦其背部，讓牠吐出羊水。

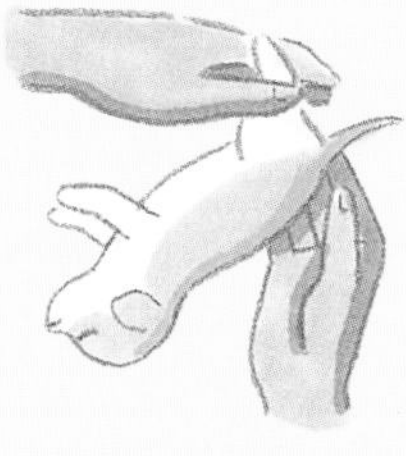

2 用乾淨紗布擦拭幼犬的鼻孔和口腔，幫助牠順利呼吸。

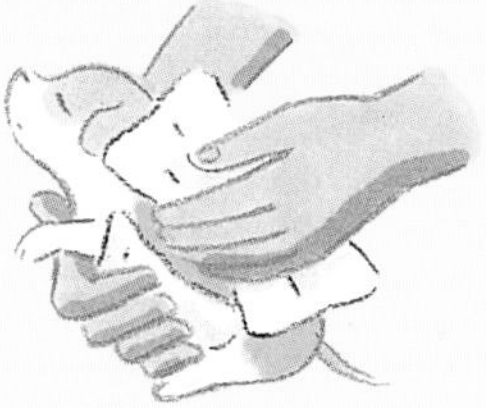

3 距臍帶根部1公分處綁上棉線，再以剪刀剪斷臍帶。

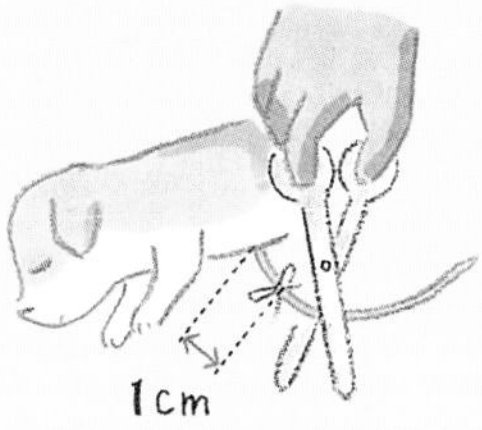

母狗會發揮母性本能開始照顧幼犬。

注意微小的變化迅速作出反應

母狗若不願意照顧新生的幼犬，只好由飼主幫忙了。首先搓破幼犬的羊膜，擦拭牠的鼻孔和口腔，讓牠順利呼吸，再把牠抓到母狗的鼻子前面。如果這樣母狗還是不想舔舐幼犬的話，用剪刀剪斷臍帶，拿毛巾把幼犬擦乾淨。等幼犬發出聲音引起母狗的興趣後，再一次把牠抓到母狗的前面試試看。萬一母狗還是無動於衷，讓幼犬吸吮母狗的乳頭，大概到幼犬吸吮乳頭時，就能激起母狗的母性本能，試著照料幼犬了。

結束生產後，幫母狗擦乾身體，分別記錄幼犬的出生日期、性別、體重等資料。

有些母狗於生完後二~三天會發燒，但大都是暫時性發燒，過一兩天即可退燒不必擔心。

剛出生的幼犬死掉時

剛出生的幼犬不幸死掉的話，對母狗的身心會有不良的影響。這時應擠出母狗的初乳，消毒乳頭，注射荷爾蒙，以免引起乳腺炎。並輕聲對牠說說話或帶牠散散步，轉變牠的心情，及早恢復健康。坊間有一種說法，母狗舔過死掉之幼犬再去舔健康幼犬的話，會因屍臭味而去咬健康的幼犬呢！

第6章

幾乎整天都在睡覺的幼犬期

安靜微暗的地方適合當作幼犬房，且不要讓其他犬隻靠近。

家人少出入又看得到的地方當作睡鋪

對一整天除了喝奶外幾乎都在睡覺的幼犬來說，一個安靜舒適的睡鋪自然十分重要。加上吉娃娃很怕冷，一定要特別注意保暖功效。像冬天可加個電暖器或電毯，但可別讓狗狗燙傷囉！

有些母狗生完後會變得比較神經質，除非必要不要去打擾牠們。剛生完二～三天，母狗可能寸步不離地待在幼犬身邊，可將食物拿到產房旁邊餵食。唯有充分留意母狗的身心健康，才是讓抵抗力差的幼犬健康茁壯的要訣。授乳期間的母狗要多補充水分，並多吃含蛋白質的食物。

如果乳汁分泌情形不佳，可以按摩乳房三分鐘，幫助幼犬吸吮奶水，並檢查乳腺有無發炎。這時母狗的外陰部會持續出現分泌物，可幫牠擦乾淨保持清潔。

有些幼犬比較瘦弱，常被同伴擠壓無法吸到足夠的奶水，或者是對於體重增加遲緩的幼犬，都可以讓牠們吸吮奶水多的乳頭，所有的幼犬才能獲得均衡的營養。

初乳有何功效？

從出生到 2～3 天內幼犬所喝的母奶稱為初乳。初乳含有豐富的免疫抗體，可讓幼犬免於傳染病的威脅，功效可持續 2～3 個月呢！即便是母狗不喜歡餵奶，也要讓幼犬喝到初乳。

初乳含有豐富的免疫抗體，一定要給幼犬喝。

適合吉娃娃的奶嘴

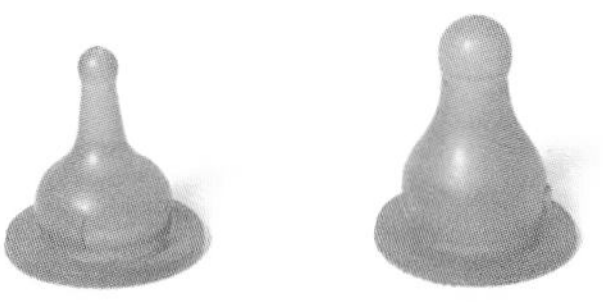

吉娃娃體型迷你，適合幼犬的奶嘴更是難找，圖中左邊才是適合吉娃娃的奶嘴。

◆人工哺乳需要的用品◆

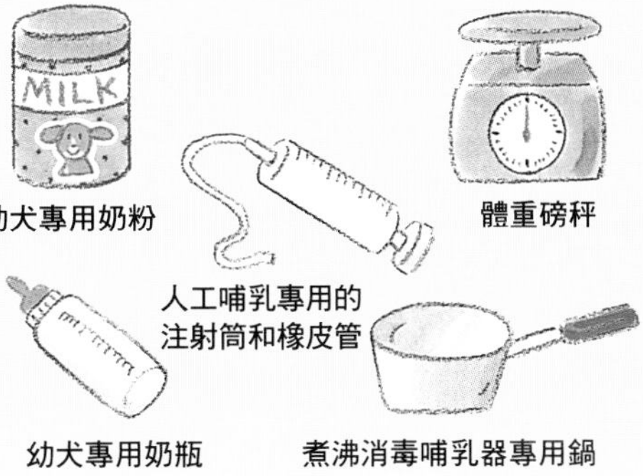

觀察哺乳情形不夠時再採人工哺乳

體型小或瘦弱的幼犬吸吮力弱，常受其他幼犬的排擠而吸不到奶水。如果幼犬眾多奶水不足的話，可以先讓幼犬喝點母奶，不足的部分再進行人工哺乳，大概隔二小時再餵。

若是母狗不願誘導幼犬排泄的話，飼主可用沾了溫水的脫脂棉輕輕刺激幼犬的肛門或尿道口，促進其排泄。

◆人工哺乳的方法◆

1
適量的幼犬專用奶粉和溫水放入奶瓶拌勻，放涼至人體體溫即可餵食（用熱水會破壞營養）。

2
將幼犬抱在膝蓋上，一手托著牠的下顎，再以手指撐開牠的嘴巴。

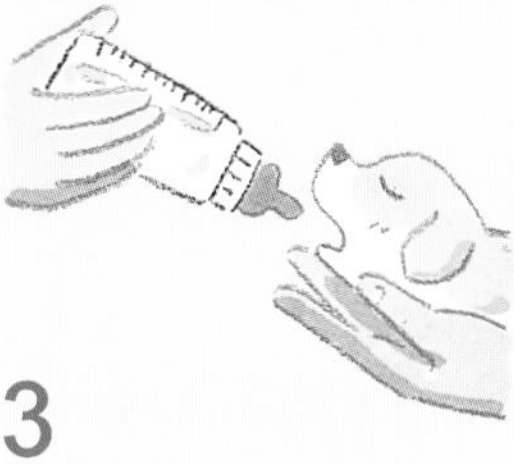

3
另一手拿著奶瓶，把奶嘴放在牠的舌頭上，讓牠慢慢吸吮。

第6章

不要餵太多離乳食品

仔細觀察幼犬的食慾和排便，從少量開始餵食離乳食品。

出生二十天開始長乳牙後準備斷奶

幼犬的體重平均一天增加10～20克，二週大以後眼睛才會睜開，再過個四～五天視力變得比較清楚。從這時起，牠會立起前腳試著站起來。等三週大，試著用後腳搖搖晃晃地走路，也即將進入離乳期。

進入離乳期的幼犬需將原來好消化的奶水，換成完全不同的食物，飼主在這方面一定要特別用心。如果沒有處理好，會影響幼犬的胃腸消化機能；所以，應該細心觀察幼犬的食慾和排便狀況，從少量開始餵食離乳食品。

雖說市面上也有現成的幼犬專用狗糧或離乳用的罐頭食品（如豬肝等口味），但還是準備新鮮的食材比較健康。調製好的離乳食品放置溫涼，再由少量餵起；不夠的話補充幼犬專用奶水或母奶，依食慾或大便的情形調整餵食的份量。

斷奶食品也不要讓幼犬吃太多喔！

◆幼犬的健康檢查◆

飼主要記錄幼犬的成長過程，從發育狀態檢查健康情形。

1 量體重
以出生時的體重為基準，每天測量體重是否順利增加。

2 檢查大便
有下痢或便秘現象時，重新檢討飲食內容、份量或濃度。

3 檢查睡眠
睡覺時呼吸聲音過大或急促，都可能有異常。

◆離乳食品的製作方法◆

適合出生 40 天的幼犬

慢慢將食物換成乾狗糧，讓幼犬學習咀嚼。

像早上空腹時，可用白開水泡些乾狗糧給牠吃。

睡覺前讓牠喝些溫奶水，增加飽足感，以免空腹睡不著。

適合出生 30 天的幼犬

狗糧與白開水拌勻，再加些幼犬專用奶水，拌成粥狀。

剛開始用手指抹一些給牠嚐嚐，習慣後再倒入淺盤中食用。

遊戲的時候可以直接餵牠吃一顆狗糧，訓練咀嚼。

適合出生 20 天的幼犬

先準備幼犬專用的狗糧片和溫熱的奶水。

奶水中加一些狗糧片，拌成可以喝的米湯狀食品。

觀察幼犬便便的狀態，慢慢增加狗糧片的份量。

母狗移往別處讓幼犬先吃

如果母狗一直在旁邊，就很難讓幼犬順利離乳。所以，先把母狗移往別的地方，等幼犬醒過來想吸奶時，再餵牠吃離乳食品。剛開始先一隻一隻抱過來，一點一點地餵，讓牠習慣母奶以外的食品。

三十天大的幼犬步伐比較穩健，牙齒也長出來了；三十五天大左右先讓牠試著吃點堅硬的乾狗糧，到了四十天大以後，再一點一點給牠吃未泡軟的乾狗糧。如果要親自調配離乳食品，牛肉或雞胸肉都是不錯的選擇，但處理肉類等生食要格外當心，以免狗狗拉肚子。從幼犬三週大開始嘗試離乳食品時，一睡醒會想要上廁所；飼主可事先鋪上寵物墊，讓幼犬習慣這種觸感，日後的如廁訓練也會比較順利。

column 6

飼養吉娃娃的建議

File 4

外表看起來又瘦又小，卻是相當強健的狗狗！

千葉縣　高澤可林

「太陽好大喔！我的頭有點昏……」

窩在狗窩裡的 pink：
「繫上紅絲巾，酷吧！」

「我是不是和絨毛狗狗一樣可愛？！」

我家的 pink (公狗)

2 歲 1 個月大

我很喜歡吉娃娃走起路來左右擺動的逗趣模樣。因為吉娃娃很怕冷，我還特地買了狗狗專用的睡鋪，並隨時調整睡鋪的溫度。夏天選在涼爽的傍晚帶牠出去散步十到三十分鐘，冬天如果太冷就不出去了，光在家裡面或陽台上跑來跑去，活動量也很足夠。不過像牠愛亂吠的毛病若不及早訓練，以後就很難改了（有些吉娃娃比較膽小）。吉娃娃生性愛撒嬌又會吃醋，希望每一個主人都能負起教養的責任好好地照顧牠。

第7章

疾病與健康管理的知識

第7章

疾病或意外事故的緊急處理

面對不會說話的狗狗，飼主有義務早期發現與處理牠身體的異常。

即使狗狗平常都很健康，還是要養成每星期量一次體溫、體重、脈搏數與呼吸次數的好習慣，才能及早發現疾病。

一發現異於往常先幫牠量體溫

吉娃娃因為體型嬌小，體力相對也比較差，比其他犬種更需要早期發現疾病與治療。

而身體的異狀首先會反應在便便裡；故飼主可以檢視每次便便的狀態，若一直拉肚子，應該找獸醫診治。

除此之外，狗狗突然對原來的食物不感興趣、沒吃完、頻頻將食物吐出來、一直猛喝水、口水流不停、呼吸變得急促、不斷咳嗽……這些都是身體異常的徵兆，應該馬上幫狗狗量一下體溫。

◆怎樣才算健康的狗狗？◆

狗狗體內的異常會顯現於外表，平日要仔細檢查牠的身體各部位，並注意活動的樣子。

肛門
肛門看起來乾淨又相當密實；肛門口很髒可能是下痢，紅色潰爛的話疑是肛門周圍發炎。

耳朵
耳朵裡面沒有污垢或惡臭才是健康的象徵。健康的狗狗耳朵是冷的，如果熱熱的可能是發燒了。

眼睛
眼睛清澈有神，周圍不能有很多黃色或乳白色眼屎，也不能充血。

鼻子
鼻頭是冷的且潮濕，除了睡覺或剛起床以外，鼻頭不能是乾的或鼻水太多。

體毛和皮膚
體毛帶有光澤且相當乾淨；皮膚沒有傷口、潰瘍或太多的皮屑。

嘴巴
口腔沒有異味，口中黏膜為漂亮的粉紅色。

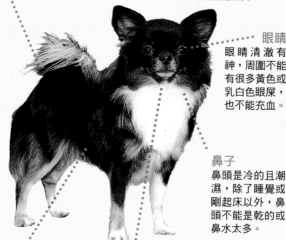

◆每星期幫狗狗做一次健康檢查◆

狗狗的平均體溫、健康時的體重、脈搏數或呼吸次數，都是飼主需要掌握的數據。

●測量脈搏數

用手輕壓狗狗後腳的股動脈測量；成犬 1 分鐘正常的脈搏數為 70～120 次，幼犬則是 100～200 次。

●測量體溫

將沾過橄欖油的體溫計插入肛門約 3 公分處測量；狗狗的平均體溫為 37～39℃，幼犬的體溫會比這個高一些。

●測量呼吸次數

在狗狗安靜時，把手放在牠的心臟測量；正常的話 1 分鐘的呼吸次數大約 10～30 次。而吉娃娃又比中、大型犬（幼犬又比成犬）次數多。

●測量體重

用 5 公斤的彈簧秤或 12 公斤的幼兒磅秤均可。

體型雖小 卻很好動 要注意安全

用手輕輕壓吉娃娃的頭頂就會發現，牠的頭蓋骨中間有縫隙，像個柔軟的凹洞，這也是身體最脆弱的部位。

吉娃娃因爲身材迷你，常讓人覺得即使讓牠在屋子裡跑來跑去，也不會礙手礙腳；但是，牠的頭要是不小心撞到家具等堅硬物體那就糟了。

或者是牠不小心從沙發或床上掉下來，都相當危險；萬一骨折了，馬上固定受傷部位緊急送醫。

如果是熱水或藥物造成的燒燙傷或灼傷，先用冷毛巾或冰袋冷敷傷口再送醫院，飼主千萬不要自作主張幫牠擦藥。

再者，吉娃娃的鼻頭短小也很怕熱，要注意別讓牠中暑了。

第7章

選擇口碑佳有愛心的獸醫

發生意外時別驚慌，馬上帶狗狗找熟識的獸醫。

平常多跟狗狗親密接觸，讓牠習慣人類的撫摸。

先找家可信賴的醫院以應付緊急的狀況

當狗狗生病或發生意外事故，才開始急著找動物醫院可能緩不濟急。在牠健健康康的時候，就要找一家醫院定期作健康檢查；如果獸醫能充分掌握狗狗的體質、個性或病史，一有緊急狀況，他才能及早應變。

不管是多有名的動物醫院，若離家裡太遠，一發生緊急情況恐怕會受到耽擱，日後的複診也很傷腦筋，所以還是要就近找到狗狗的家庭獸醫。

接下來要如何找到合適的動物醫院呢？最快的方法是向附近養狗的人打聽，然後帶狗狗讓對方作健康檢查，親自確定這個獸醫是否值得信賴。

一家優良的動物醫院首重清潔與衛生，而不是光鮮裝潢與貴重儀器，態度謙虛而不是冷酷大牌。院裡的獸醫要能詳細解說診察的結果、狗狗的症狀和治療的方法，等飼主理解了再繼續治療。如果事先可以得知醫療費用的話，飼主應該會比較放心。若加上夜間門診或出診的服務，就更值得考慮這家動物醫院了。

緊急時莫驚慌詳細說明狗狗的狀況

狗狗突然生病或發生意外，緊急被送到動物醫院時，飼主若能向獸醫詳細說明狗狗的所有症狀，可避免獸

因體型嬌小要小心用藥或疫苗注射

大概是因為吉娃娃體型嬌小沒甚麼體力，一注射傳染病的疫苗有時會引起發燒、蕁麻疹或臉部腫脹。不過，傳染病更是可怕，最好先請教獸醫，讓牠的身體負擔減到最小，再注射疫苗或用藥。

◆準備狗狗專用的急救箱◆

先請教獸醫，至少該準備哪些用品；眼藥水或內服藥要取得獸醫的處方才可獲得。

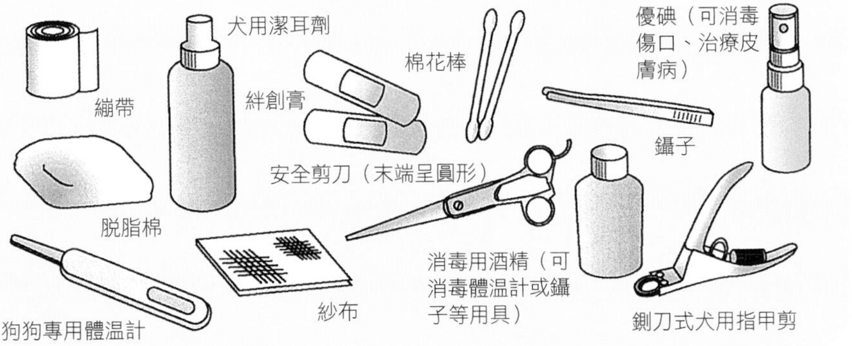

醫誤診；如果能帶一些便便或嘔吐物的檢體更好。

獸醫與飼主要相互信任確保狗狗健康

除了獸醫主治生病或受傷的狗狗外，飼主在一旁協助對病情也有加分的效果。如果飼主充分信任獸醫，這種信賴感會傳達給狗狗，讓牠覺得很放心。而獸醫檢查或治療狗狗時，經常需要碰觸狗狗的身體；如何讓狗狗溫和地接受治療不會對獸醫亂吠或恐懼，就是飼主的責任囉！千萬別將狗狗交給獸醫，就不負責任閃的遠遠。因此帶狗狗做健康檢查時，最好定期找同一位獸醫，以建立信任感。

有些人會不斷換動物醫院希望找到好獸醫，或期望找收費低廉的醫院，但這對狗狗絕不是好現象。別忘了在治療狗狗的疾病或意外時，飼主與獸醫之間的密切信賴感，是比什麼都有效的一劑良藥呢！

有所謂的寵物保險嗎？

貓狗等寵物並沒有專屬的健康保險制度，一旦生病或受傷，飼主都要花費相當的金錢。在日本有寵物主人組成的俱樂部，透過互助金的方式，每月繳交一定的費用當作基金；等寵物住院或受傷治療，即可申請救助金。

細心觀察狗狗健康時的樣子，以充分掌握牠的狀況。

第7章

吉娃娃常見的疾病

任何犬種都會受到一些可怕的傳染病威脅，吉娃娃也有好發的疾病。

水腦症

吉娃娃腦部有一稱爲腦室的微小縫隙，可囤積腦脊髓液；當腦脊髓液囤積太多壓迫腦部引發的疾病，就叫做水腦症。罹患此疾的病犬有些會頻頻用頭撞牆、走路晃動不穩，甚至眼睛看不見；但有些又完全沒有任何症狀。

■治療方法

除了照X光或做電腦斷層掃描，還可檢查腦脊髓液，再用藥物減少腦脊髓液或採用引流手術；若未出現症狀就不必治療。

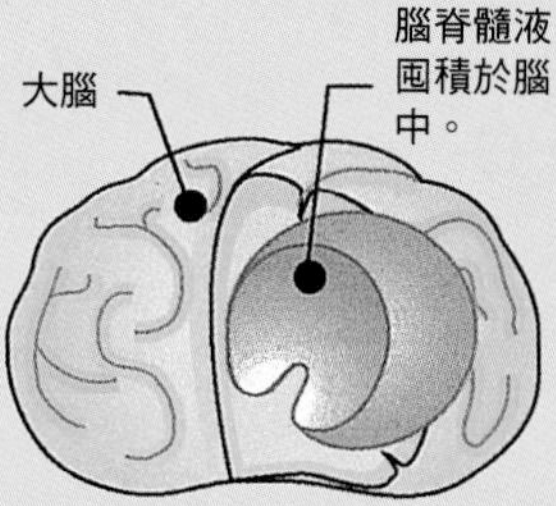

溼性皮膚炎

分爲急性與慢性；急性溼性皮膚炎會突發於炎熱的季節，讓狗狗背部、耳後、脖子、尾巴或大腿等部位的體毛脫落，皮膚紅腫，出現帶膿的溼性皮膚炎。體毛或皮膚不潔、蚤類寄生、胃腸功能不適，都是引起溼性皮膚炎的原因。至於慢性溼性皮膚炎主要是初期皮膚感染未完全治癒，進而演變爲溼性皮膚炎；像吉娃娃這種皮膚超敏感的犬種，更要當心。

■治療方法與預防方法

可使用消炎劑或抗過敏劑與抗生素治療，但平日注重體毛的衛生與潔淨，還是最好的預防之道。尤其是長毛種吉娃娃，一旦出現溼性皮膚炎就麻煩了。

照顧狗狗的健康是飼主的責任。

傳染性支氣管炎

以犬隻副流行性感冒爲主的數種病毒混合感染氣管，再遭細菌二次合併感染而引起的疾病。病犬持續出現劇烈咳嗽，嚴重時會發燒、嘔吐或食慾不振，體力快速消耗，一旦引起併發症，月齡低的幼犬也有死亡之虞。此病常發生在密集飼養的繁殖場、寵物店或犬隻聚集的公共場所，像是寵物餐廳或是犬家族聚會。

■治療方法與預防方法

可服用止咳劑或吸入性藥物鎭咳，必要時可服用抗生素。但最好的預防方法還是常保犬舍、狗屋等週遭環境的清潔，並注意犬隻集體感染的問題。

遺傳引起的疾病

以下是透過親子遺傳引起的疾病中，最具代表性的疾病：

白內障

除了遺傳性白內障之外，還有老狗常見的老年性白內障。這時狗狗的水晶體變得渾濁，視力衰退，步伐不穩無法跳躍。

利用藥物可以延緩疾病的病程，但若是雙眼失明了，必須動手術才能恢復視力。

癲癇

狗狗突然全身僵硬、抽筋、口吐白沫，倒地失去意識，但數分鐘後即可恢復意識。

除了腦部正常純粹是遺傳引起的癲癇外，還有腦部有異狀而出現的癲癇，兩者都無法根治，只能靠藥物減少發作次數。

眼瞼內翻

即眼瞼先天性捲入眼睛內側的毛病；這時睫毛會刺激眼球，使狗狗淚流不止引起結膜炎，甚至牽連角膜引發角膜炎。有些狗狗則是因爲後天性的眼瞼攣縮，或外傷疤痕，才引起眼瞼內翻。

■治療方法

先天性且症狀輕微的話，等幼犬長大大多可自然痊癒；嚴重的話要透過外科手術治療。

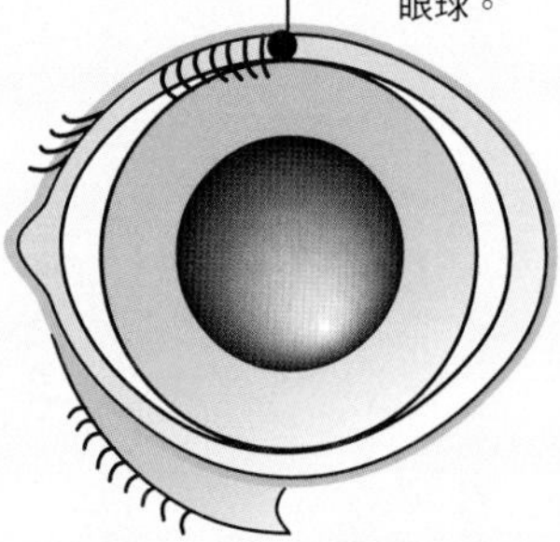

肛門囊炎

在狗狗肛門內側的左右兩邊各有一個小袋子，稱爲肛門囊。正常的話，囊中積留的惡臭分泌物會跟便便一起全部排出；但有些特殊原因下，這些分泌物沒有排出滯留於囊中的話，會引起細菌感染，分泌物變成膿汁。這時狗狗因爲肛門膨脹發癢，會將屁股摩擦地面，久了的話肛門囊破裂出現膿血。

■治療方法與預防方法

先擠出肛門囊裡的膿汁，再服用抗生素，或者是切除肛門囊。而飼主幫狗狗洗澡時，定期擠壓肛門囊的腺液更是最好的預防方法；只要做習慣了，一點都不難（可參考104頁）。

注意不要讓家裡的狗狗互相傳染疾病或皮膚病。

膝蓋骨脫臼

當支撐後腳膝關節之膝蓋骨的腱膜，出現先天性鬆弛，或是固定膝蓋骨的夾溝太淺；一旦膝蓋骨受到強大壓迫移位時，稱之為膝蓋骨脫臼。這時狗狗的後腳會彎曲而舉步維艱。

飼主有義務帶著狗狗接受各種疫苗注射。

剛開始狗狗會覺得很痛，等習慣了就不覺得痛了；且脫臼的骨骼可以在某個姿勢下自行回復，但可能又會再次脫臼。也可以直接把脫臼的部位固定，讓狗狗輕輕拖著腳走路，減少不適感。

■治療方法與預防方法

如出生一年內發現這個異常，可做矯正手術加以治療。像膝關節遭強烈撞擊、從高處掉落等意外事故引起的後天性脫臼，也要特別注意。

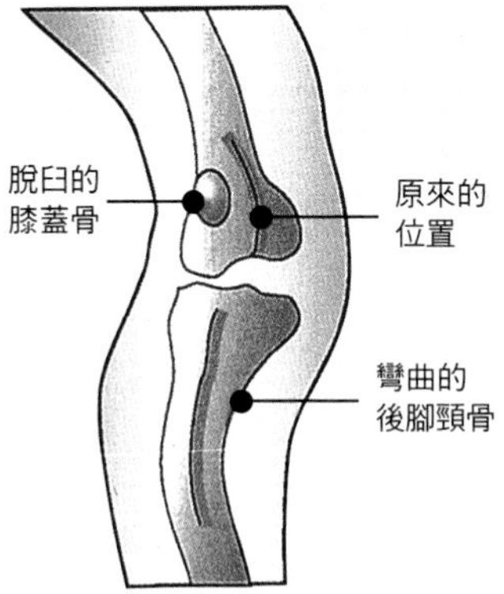

人畜共通傳染的疾病

有些疾病屬於人畜共通傳染，會從狗狗身上傳給人類；
避免狗狗感染到這類疾病為最佳的預防之道。

過敏症

接觸狗狗也是人類引發過敏性疾病的原因；人一旦被傳染，皮膚會很癢、淚流不止、直打噴嚏，嚴重時出現支氣管痙攣。狗狗的皮屑是傳染過敏的最佳管道，要特別注意。

人畜共通感染症

不管是人或狗都會被傳染的疾病來說，最可怕的算是狂犬病（可參考 53 頁）。除此之外，還有人也會被感染（稱為黃疸病）的犬鉤端螺旋體症（可參考 53 頁）、摸過狗大便的手沒洗乾淨，犬蛔蟲的成卵經口傳染寄生於內臟的疾病，或者是幼犬的下痢便經口傳染給人的疾病等，即便是自家的狗狗也要特別注意衛生。

column 7

飼養吉娃娃的建議

File 5

動作超可愛又古靈精怪的 5 隻吉娃娃！

大阪府　竹村佳純

酷奇(母)1 歲 4 個月大

霍賽(公)1 歲 9 個月大

小一(母)
1 歲 2 個月大

瑪雅(母)
1 歲 3 個月大

小鮎魚(母)9 個月大

比起牠那嬌小的外表，吉娃娃也有身心強健、氣質優雅的一面。除了基本的健康管理和必要的教養外，應該用大方開朗的心態和吉娃娃相處。我家的五隻吉娃娃平常都在室內自由追逐嬉戲，和家裡的貓咪也打成一片呢！剛開始我不知道吉娃娃會發出嗚嗚的低鳴聲而十分擔心，後來也習慣了。照顧怕冷也怕熱的吉娃娃，要特別注意室溫的調整。冬天選在溫暖的中午，夏天選擇涼爽的早晚帶牠們出去散步。既然養了五隻就不能偏愛其中一隻。真的養了以後，才發現每一隻都有自己的特性，應該得到同樣的關愛。

第8章

和狗狗一起過著快樂的生活

第8章 狗狗的犬展處女秀

犬展的評審會依照犬種標準對狗狗審查與考核。

提升犬種品質為犬展的目的

我們可以從各種犬展欣賞到許多身心受過充分教養，氣宇非凡的名犬。犬展的種類繁多，從單一犬種的小規模犬種，到許多犬種集聚而成的大型犬展都有。

每一種血統純正的犬種，都有公認的犬種標準，也就是理想的形貌。雖說近似犬種標準的狗狗很少見，但犬展的審查員還是要慎重選出，儘可能與此犬種所制定之體型、外貌、性格等近似的狗狗。當然狗狗在犬展中的一舉一動，也是審查的重點。

在犬展中獲得佳績的狗狗，繁衍出優秀子孫的機會也比較多；從這點來看，犬展的確有它重要的意義呢！

◆犬展審查以淘汰賽的方式進行◆

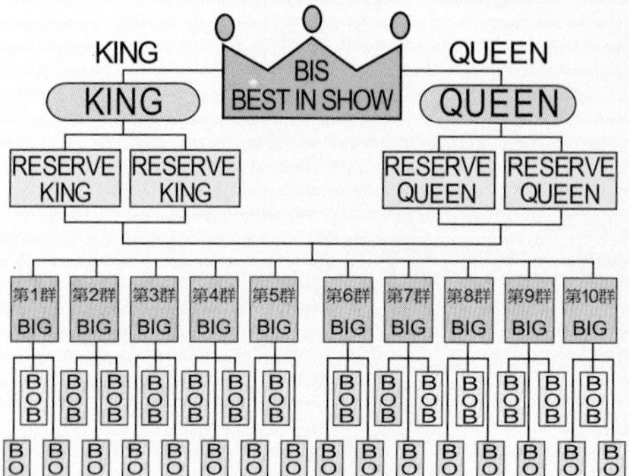

首先將參賽的狗狗依公母分成兩組，選出各犬種的BOB。接下來這隻BOB，要和所屬族群的各犬種 BOB 競賽，獲勝的話，封為 BIG。這些BIG繼續比賽，選出公狗中的 KING，母狗中的 QUEEN。最後再由 KING 和 QUEEN 對決，選出當天犬展的最優秀犬 Best In Show（BIS）。

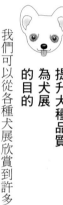

◆JKC 所舉辦的犬展吉娃娃審查基準◆

審查員會依照協會制定的犬種標準加以評定，選出最接近犬種標準的優秀犬。

●頭部
頭蓋骨渾圓的突起宛如蘋果；亮晶晶的圓眼睛不能太凸出，保持適當間距。耳朵為大立耳，緊張時立起來，安靜時保持 45 度。短短的嘴巴如楔型，除了金黃毛色外，鼻子應比照毛色呈現暗色系。

●尾巴
長度適中的尾巴，高舉於上方或外側，和背部連成漂亮的弧度。尾巴的毛應與整體的毛顯示協調感，斷尾或無尾都不合格。

●大小
不論公母體重不得超過 6 磅（2.7 公斤），以 1 公斤～ 1.8 公斤最理想；太重的話會喪失資格。

●身體
身長要比身高稍長，背部呈水平狀。前胸肌肉發達，肋骨渾圓結實，腹部頗具彈性。

●四肢
前肢筆直，肘部活動靈活；後肢肌肉結實，腳跟偏低，腳趾間距適中。

要參觀犬展時—

犬展的場地大多借用公園或停車場，附近沒有甚麼商家，最好自備餐盒和開水。同時要注意禮貌，在一旁安靜地觀賞，絕對不要影響出賽的狗狗。

參加犬展要出示血統證明書和申請書

如果對犬展的規則或犬種標準已有一番心得，也想讓自家的狗狗試試看的話，只要準備狗狗的血統證明書，填寫申請書附上參展費用，向主辦團體提出申請即可。

第8章

帶可愛的吉娃娃去旅行囉！

嬌小的體型是吉娃娃最大的優勢，不管任何形式的旅行都能配合演出。

嬌小的吉娃娃方便搭乘任何交通工具

吉娃娃因爲體型很迷你，方便帶出去旅行，也沒有太多旅行中的禁忌。雖說都是小型犬，但像體型稍大的狗狗不方便搭乘的電車，吉娃娃只要利用攜帶型提籃就沒問題。甚至連渡輪，牠都比中、大型犬擁有更佳的搭乘條件。

像有些觀光景點會特別貼出告示：「犬隻若抱起可攜帶入內」，讓狗狗也能享受到與戶外不同的參觀樂趣。

在投宿地該有的禮貌—

帶狗狗出外投宿時，不要讓牠弄髒了房間或咬壞傢俱；更別讓牠離開你的視線，禁止牠隨地大小便或和其他犬隻起衝突。

帶去觀光地點時，要格外注意別造成其他遊客的困擾；尤其是排泄地點，如在草皮上便便，要確實把它清乾淨。

周詳的規劃才能有快樂的旅行

和吉娃娃一起去旅行，不管是知性之旅或下鄉之行，都要依照狗狗的個性或飼主的嗜好，才能自在地陶醉其中。剛開始帶出去，以路程不會太遠，單程二小時的地點爲宜。而旅遊點週邊的觀光資源或投宿旅館（是否可攜帶寵物），事先都要仔細查詢周詳的規劃，才能享受愉快的旅程。如果季節適當，在野外露營也是新鮮的嘗試喔！

◆快樂旅行所需的用品◆

◆如何預防狗狗暈車……◆

飼主多留意狗狗的身體或開車的狀況，即可減少牠暈車的機會。

① 先陪牠坐在未發動的汽車裡

飼主先陪狗狗坐在未發動引擎的汽車後座，讓牠聞聞車內的味道，觀察環境，確認車內是一個安全的空間。

② 要適當地休息

大約每開1小時，就要讓狗狗下車休息，上廁所與改變一下心情。狗狗一緊張口會很渴，記得多補充水分。

③ 出發前或行駛中不要餵食

肚子飽飽去坐車的狗狗容易暈車，雖說暈車程度「因狗而異」，但原則上坐車前 2～3 小時不要給牠吃東西。

④ 避免車速過快或緊急煞車

車速過快前後晃動，對小型犬的身體是莫大的負擔，容易讓狗狗暈車，所以，開車時要保持平穩。

搭車時可抱著牠或利用攜帶型提籃

如果飼主自己開車，有其他人一起出遊的話，可請他抱著吉娃娃減少坐車的不適感。萬一自己一個人，可利用攜帶型提籃，牠就不會在車子裡動來動去。雖說讓小型犬坐在膝蓋上開車，可讓牠享受不同的視野，但從安全的觀點考量，應該避免這種行爲。

再者，這些超小型犬被竊的機率似乎比較高，爲避免飼主出現「我只是離開一下下，怎知牠就被偷了……」的遺憾，不管是停車休息或在投宿地點，就算是一下子，也不要單獨留下狗狗自己離開喔！

除此之外，平常喜歡跟狗狗密切互動的飼主，不要在投宿地點做出類似的習慣。例如，和狗狗一起洗澡或睡覺，都是違反住宿規定的行爲。

第8章

有關吉娃娃的傳說—三種不可思議的起源

吉娃娃的起源充滿謎樣的感覺，究竟哪一個傳說才是真的呢？

一般人都認為吉娃娃原產於墨西哥，但真相仍然是個謎。

Episode 1 古墨西哥文明中的神聖之犬

人們從發掘的遺跡中得知，九世紀左右，大概在目前的墨西哥一帶，十分興盛的托爾提克文明時代，就已經出現一種被稱之為「提吉吉」，骨架健壯的小型犬。

傳說這種狗狗就是現在吉娃娃的祖先。在阿斯底加（Azteca13～16世紀繁盛的墨西哥王國）文明時代，王公貴族等上流階級，很喜歡飼養這種狗狗，尤其是當中的藍灰毛色，更被視為神聖的象徵。

在這個古老的時代，人類基於「淨化罪惡以解神怒」的觀念，似乎會把狗當作活祭品與死者一併埋葬，視其為引導亡魂至冥界的先導犬。

看到體型雖然嬌小，卻十分善解人意又聰明的吉娃娃，會讓人覺得古墨西哥人民，將牠的祖先當作神聖之犬的傳說，似乎相當貼切呢！

但是，當阿斯底加王國於十六世紀初葉，被西班牙的哥耳狄斯消滅後，就很少再聽到「提吉吉」犬的消息；所以，牠與吉娃娃的關係到現在還是個謎。

Episode 2 由殖民者帶進馬爾他島之犬

也有一種傳說表示，被西班牙征服的墨西哥之前並沒有狗狗，所謂的「提吉吉」並不是狗狗，而是齧齒類的動物。

我們從古埃及墳墓挖出的小型犬

頭蓋骨上面，可以發現與吉娃娃相當類似的凹洞痕跡——這足以證明早在古埃及時代，就已經出現和吉娃娃相當相似的狗狗呢！

傳說這種狗狗是西元前六百年左右，由卡爾他各（Carthago）非洲北岸腓尼基人建立的殖民城市）的殖民者帶進馬爾他島（位於地中海）。接下來，十五世紀土耳其占領馬爾他島時，牠又和馬爾濟斯犬一起被帶到歐洲大陸等地，甚至成爲西班牙王室的狗狗。

Episode 3 喜歡將各種東西迷你化的東洋人之犬

東洋人喜歡將動物或植物迷你化，故也有傳說表示，這個世界上最小的犬種，也是東洋人的傑作！

據說約在十六世紀中葉，以菲律賓爲殖民地的西班牙，從中國經菲律賓，再橫越太平洋開拓一條到墨西哥的通商路線時，把這種珍奇的犬種由東洋引進了墨西哥。

但是，人們並未在東洋找到被視爲吉娃娃祖先犬種的事實，成爲這個傳說最站不住腳的地方。

現在的吉娃娃由美國配種成功

雖然有關吉娃娃的起源各有不同的傳說，但無論如何，都要歸功於美國繁殖者不斷讓牠和蝴蝶犬等其他犬種互相交配，才能繁殖出像現在如此嬌小可愛的體型。

歷史悠久充滿謎樣過去的吉娃娃，或許正因為這樣，總讓人覺得帶點神秘感呢！

第8章

有關吉娃娃的Q&A

不管吉娃娃的飼主有任何的困擾，有我小鰭（3歲）在就搞定了！

Q 找不到其他的吉娃娃同伴怎麼辦？

我養了一隻短毛的母吉娃娃，今年已經第三年了，我們相處得非常愉快。我每天都會帶牠出門散步，奇怪的是到現在還沒有碰過帶吉娃娃出來散步的主人。看得出來，家裡的吉娃娃渴望有同伴可以玩，我也很希望可以和其他的飼主聊一聊呢……

A 加入狗狗俱樂部試試看！

其實我家的媽咪也有這種困擾呢！她就曾說：「養吉娃娃的人應該很多，可是怎麼很少在外面看到……」很多吉娃娃的飼主似乎都不太帶牠們出門散步，如此一來，當然不容易碰上了。

但是，妳相信嗎？現在我的吉娃娃朋友好多好多呢！這是因爲媽咪帶我加入吉娃娃組成的俱樂部，那裡常舉辦各種聚會或旅遊，不僅讓媽咪們有機會聊聊狗狗的趣事，還可以分享養育上的心得。順便告訴妳，我所加入的俱樂部在全國各地都有許多會員，稱爲「吉娃娃論壇」，歡迎妳加入喔！

Q 我家的吉娃娃牙齒沒長好怎麼辦？

我家的吉娃娃大約十個月大，有一個問題讓我覺得很困擾。牠的換牙期不太順利，乳牙還沒掉就長出新的恆牙，結果上下排牙齒都二顆二顆疊在一起，不知道要不要緊？需不需要拔掉？

◆參加寵物俱樂部認識新朋友◆

吉娃娃論壇（日本）

1995 年經寵物雜誌號召，希望讓所有的吉娃娃歡聚一堂，成為這個俱樂部成立的宗旨，目前在全國各地已經聚集了 650 個會員。俱樂部除了每年發行 4 本會報，還 2 年出版一本多達 250 頁人稱「吉娃娃聖經」的飼育參考書。除此之外，還有大小型聚會或包租旅館的旅遊活動。

日本的聯絡電話＋ 81-03-3226-5134
網址：http//www.chihuahuaforum.com

以會員的飼養體驗為基本素材，從有關吉娃娃的飼養入門到專門的配種繁殖，均有詳細説明的「吉娃娃聖經」。

A 為了以後的健康最好拔掉多出的牙齒。

像吉娃娃這類顎小的狗狗，牙齒很容易長成這個樣子；老實說我自己也是二顆二顆牙齒疊在一起，牙齒數爲一般的二倍呢！媽咪爲了我的健康，不得不帶我去找獸醫拔掉。因爲不處理的話，牙齒容易卡住食物殘渣形成牙結石，進而引起蛀牙或牙周病。像你家的狗狗這麼年輕，萬一牙齒掉光可就麻煩了。而且藏在牙齦或牙根的細菌，還會潛入體內影響內臟的健康呢！

所以說，還是趕緊帶著狗狗找經驗豐富的獸醫檢查一下吧！

Q 想再多養一隻吉娃娃的話，怎麼做比較好？

我和家裡的長毛公吉娃娃，已經相處一年了。我覺得這種狗狗實在很可愛，多養一隻也不會造成太大的負擔，更想嘗試不同的毛色。如果想抱一隻新幼犬回家的話，要注意哪些事情呢？

要特別留意原來那隻吉娃娃的心情。

同時飼養多隻吉娃娃的家庭，看起來不少。養個二、三隻不算什麼，甚至有人一養就五、六隻呢！如果這些狗狗可以和睦相處的話，根本不必擔心，但是……

像我家只有我這隻吉娃娃；我也曾想過，如果有另一隻吉娃娃作伴，看家時也許比較不會無聊。但是，果眞如此就不能獨享媽咪的愛了，萬一對方又自大狂妄的話，我豈不傷腦筋。不過如果牠能尊敬我爲「哥哥」的話，我也會很疼牠呦！

你想一想，像我這種心情是不是很複雜呢？當你決定養第二隻吉娃娃的時候，記得找一隻能和家裡的吉娃娃性情相投的狗狗。如此一來，這隻新的狗狗才會一開始就禮讓「哥哥」，凡事以「哥哥」爲優先。感覺受到尊敬的「哥哥」才不會變得孤僻；新來的狗狗也不會恃寵而驕，彼此才會成爲好朋友和平相處。

我曾養過中型犬，但第一次養小型犬有點擔心……

最近我們搬進准許養寵物的公寓裡。單是爲了選購狗兒，就讓我和先生傷透腦筋，最後決定飼養不太占空間的吉娃娃。像我娘家的人都很喜歡狗，我從小就常和狗狗一起玩；不過以前都養中型犬，而且是養在庭院外面。像吉娃娃這類嬌小的狗狗還是第一次碰上，心理有點緊張，希望你能給我一些建議……

照顧嬌弱的吉娃娃要注意骨折等問題。

我想還不太習慣飼養我這種超小型狗狗的人，要注意我們的安全，千萬不要讓我們發生骨折等意外。因爲，我們的骨骼比人們想像的還要脆弱，光是幾階樓梯，就可能讓我們摔成骨折呢！我們和那些從高處跳下來也沒事的大狗不一樣，和我們一起玩

好深的問題喔！我得動動腦筋呢！

時一定要特別注意環境的安全性。

Q 家裡的吉娃娃突然性情大變叫人吃驚；再這樣下去我會得憂鬱症，怎麼辦？

我家有隻八個月大，來我家已經半年的吉娃娃，大概從來了三個月以後，不知怎麼回事，只要一不順牠的心，牠就開始亂咬亂叫，像隻有暴力傾向的狗狗。雖然是嬌小的吉娃娃，一被牠的利牙咬到，還是血痕片片呢！而且牠喜怒無常，眞的讓人無所適從；再這樣下去我會得憂鬱症，該怎麼辦？

A 是不是因為太溺愛牠，才讓牠出現這些不好的行為呢？

嗯……這個問題眞的很傷腦筋。像我們這種嬌弱的外表，特別容易激起人類「非得好好保護牠」的本能，結果反而過於溺愛牠。一旦對牠太好，有些吉娃娃會誤以爲自己才是老大，變得不可理喩。

像我自己還小的時候，也曾經像個蠻橫的孩子；不過，現在回想起來眞的很佩服媽咪、爸比當時的教育方式。當我不乖時，他們都不再帶我一起上床睡覺，任憑我怎麼撒嬌示好，他們就是不理我。剛開始我也不服輸故意鬧脾氣，但是幾天之後就變得好害怕，擔心他們不愛我了。有一天大概是時機到了，爸比走過來說：「小鰭，坐下！」我覺得好高興，馬上乖乖坐下來，和爸比玩得好開心；我心裡想：「我已經學乖了，要做個好孩子！」

其實後來也有幾次想要使壞，結果都受到同樣的處罰，讓我再也不敢要脾氣了；現在我已經四歲，想想，這眞的是一段很漫長的成長過程呢！我相信你家的吉娃娃也只是暫時要性子，好好地教牠，牠一定會學乖的！

這個答案你還滿意嗎？

國家圖書館出版品預行編目資料

吉娃娃教養小百科 / 村岸淳也 / 監修：中島真理 / 攝影；
高淑珍 / 譯. -- 初版. -- 臺北縣新
店市：世茂, 2003 [民 92]
面； 公分. --（寵物館；7）

ISBN 957-776-552-1（平裝）

1. 犬 - 飼養 2. 犬 - 訓練 3. 犬 - 疾病與防治

437.66 92016892

寵物館 07

吉娃娃教養小百科

監　　修：村岸淳也
攝　　影：中島真理
審　　訂：朱建光
譯　　者：高淑珍
主　　編：羅煥耿
責任編輯：王佩賢
編　　輯：陳弘毅、李玉蘭
美術編輯：林逸敏、鍾愛蕾

發 行 人：簡玉芬
出 版 者：世茂出版有限公司
登 記 證：局版臺省業字第 564 號
地　　址：（231）新北市新店區民生路 19 號 5 樓
電　　話：(02)22183277
傳　　真：(02)22183239（訂書專線）
(02)22187539

劃撥帳號：19911841
戶　　名：世茂出版有限公司 單次郵購總金額未滿 500 元（含），請加 50 元掛號費
酷 書 網：www.coolbooks.com.tw
電腦排版：龍虎電腦排版公司
印 刷 廠：祥新印製企業有限公司
初版一刷：2003 年 11 月
八刷：2012 年 6 月

定　　價：200 元

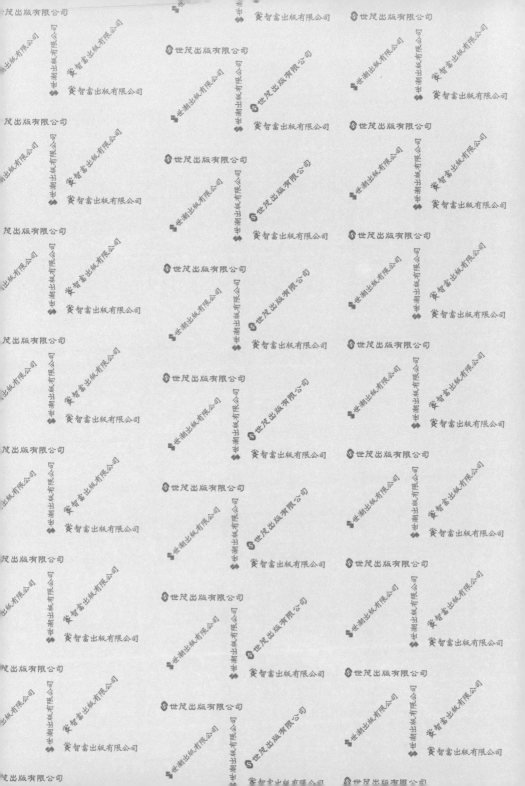

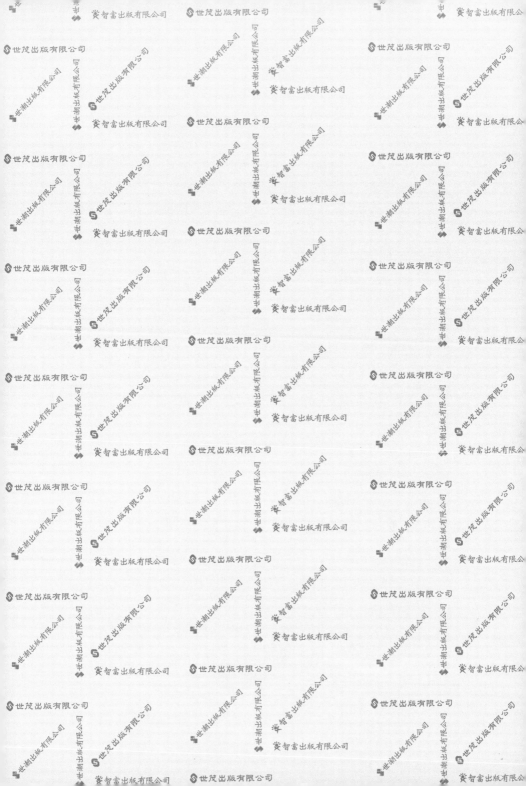